SCHRIFTENREIHE DES
ÖSTERREICHISCHEN WASSERWIRTSCHAFTSVERBANDES

HEFT 36/37

Wasserrechtliche Entscheidungen 1953 bis 1957

Zusammengestellt von

Dr. Paul Grabmayr

Sektionsrat
im Bundesministerium für Land- und Forstwirtschaft

Springer-Verlag Wien GmbH 1958

ISBN 978-3-7091-3513-6   ISBN 978-3-7091-3512-9 (eBook)
DOI 10.1007/978-3-7091-3512-9

Eigenverlag des Österr. Wasserwirtschaftsverbandes, Wien 1958.
In Kommission bei Springer-Verlag, Wien.

Vorwort

Die Zusammenstellung der wasserrechtlichen Berufsentscheidungen und ihre Veröffentlichung im Heft 26/27 dieser Schriftenreihe hat großen Anklang gefunden. Dies ist darauf zurückzuführen, daß einerseits wohl in keinem anderen Rechtsgebiet ein solcher Mangel an Fachliteratur herrscht und andererseits das Wasserrecht kein stationäres Recht ist, sondern seine Anwendung ständig an die Änderungen in Natur, Technik und Wirtschaft angepaßt werden muß. Der Auslegung des Gesetzes, die in den Entscheidungen des Verwaltungsgerichtshofes und der Obersten Wasserrechtsbehörde ihren Niederschlag findet, kommt daher besondere Bedeutung zu.

Einer Anregung des Österreichischen Wasserwirtschaftsverbandes folgend, hat sich Sektionsrat Dr. P. GRABMAYR in dankenswerter Weise wieder der Mühe unterzogen, die wichtigsten Entscheidungen zusammenzustellen und damit die Sammlung der wasserrechtlichen Entscheidungen bis einschließlich 1957 fortzusetzen.

Die notwendige Ordnung in der Wasserwirtschaft fußt auf dem Wasserrecht und seiner wirklichkeitsnahen Anwendung. Die vorliegende Schrift gibt hiezu wichtige Hinweise aus der Spruchpraxis der letzten Jahre und wird daher in gleicher Weise von den Behörden wie von allen wasserwirtschaftlich interessierten Kreisen begrüßt werden.

Wien, im September 1958.

Dr. Roland *Bucksch*
Geschäftsführer des Österreichischen Wasserwirtschaftsverbandes

Abkürzungen

ABGB.	=	Allgemeines bürgerliches Gesetzbuch
Abs.	=	Absatz
Anm.	=	Anmerkung
Art.	=	Artikel
AVG.	=	Allgemeines Verwaltungsverfahrensgesetz
BGBl.	=	Bundesgesetzblatt
BH.	=	Bezirkshauptmannschaft
B. M. f. H. u. W.	=	Bundesministerium für Handel und Wiederaufbau
B. M. f. L. u. F.	=	Bundesministerium für Land- und Forstwirtschaft
BSVG.	=	Binnenschiffahrts-Verwaltungsgesetz
B.-VG.	=	Bundes-Verfassungsgesetz
BWRG.	=	Bundeswasserrechtsgesetz (1934)
DRGBl.	=	Deutsches Reichsgesetzblatt
EGVG.	=	Einführungsgesetz zu den Verwaltungsverfahrensgesetzen
Erk.	=	Erkenntnis
GewO.	=	Gewerbeordnung
JBl.	=	Juristische Blätter
LFG.	=	Landesfischereigesetz
LGBl.	=	Landesgesetzblatt
LG. u. VBl.	=	Landesgesetz- und Verordnungsblatt
LH.	=	Landeshauptmann
lit.	=	litera
Nr.	=	Nummer
OGH.	=	Oberster Gerichtshof
RAO.	=	Rechtsanwaltsordnung
RWG.	=	Reichswassergesetz (1869)
S.	=	Seite
s.	=	siehe
Slg. (N. F.)	=	Sammlung der Entscheidungen (Neue Folge)
StGG.	=	Staatsgrundgesetz (1867)
TP.	=	Tarifpost
VerfGH.	=	Verfassungsgerichtshof
vgl.	=	vergleiche
VwGG.	=	Verwaltungsgerichtshofgesetz
VwGH.	=	Verwaltungsgerichtshof
WRG.	=	Wasserrechtsgesetz
Z.	=	Ziffer
Zl.	=	Zahl

Nr. 1: zu § 3 WRG.

VwGH. Beschluß v. 29. November 1956, Zl. 738/56, Zurückweisung einer Beschwerde gegen einen Berufungsbescheid der Kärntner Landesregierung:

Subjektiv-öffentliche Rechte an Privatgewässern können nicht ersessen werden.

„Die Beschwerdeführer berufen sich darauf, daß sie aus den in Rede stehenden Gemeindebrunnen durch mehr als 40 Jahre Wasser geschöpft und sohin ein Wassernutzungs- und Wasserbezugsrecht (Servitut) erworben haben. In diesem Recht fühlen sie sich verletzt. Nun ist ihnen aber entgegenzuhalten, daß es sich bei den von der Marktgemeinde aufgelassenen Brunnen um Privatgewässer im Sinne des § 3 Abs. 1 lit. c WRG. handelt, an denen subjektiv-öffentliche Rechte entweder nur aus dem Gesetz oder aus einem besonderen behördlichen Verwaltungsakt erworben werden können. Keinesfalls können aber auf dem Gebiet des Wasserrechtes solche Rechte durch langjährigen Gebrauch ersessen werden, da jede über den Gemeingebrauch hinausgehende Benützung eines Gewässers, der gesetzlich festgelegt ist, einer besonderen Bewilligung der Wasserrechtsbehörde bedarf. Es ist an sich überhaupt fraglich, ob die erstinstanzliche Entscheidung selbst als ein Bescheid anzusehen war, ob sie nicht vielmehr als eine im Bereich der Selbstverwaltung liegende, rein faktische Verfügung der Marktgemeinde über eine ihrer Einrichtungen anzusehen war. Der Verwaltungsgerichtshof hatte jedoch bei der gegebenen Sachlage auf die Prüfung dieser Frage nicht einzugehen. Die Beschwerdeführer hatten durch den Hinweis auf die Ersitzung einer Servitut den Besitz eines Privatrechtes behauptet. ... Kann aber eine verwaltungsbehördliche Erledigung unabhängig von der Frage ihrer Gesetzmäßigkeit einen Beschwerdeführer von vornherein in einem subjektiv-öffentlichen Recht nicht verletzen, dann fehlt die Berechtigung zur Erhebung einer Beschwerde gemäß Art. 131 Abs. 1 Z. 1 B.-VG., weshalb auch die vorliegende Beschwerde gemäß § 34 Abs. 1 VwGG. 1952 als unzulässig zurückgewiesen werden mußte.“

Nr. 2: zu § 4 Abs. 7 WRG.

VwGH. Erk. v. 8. April 1954, Zl. 3120/52, Abweisung einer Beschwerde gegen einen Berufungsbescheid des BM. f. L. u. F.:

Kein Anspruch auf Ausscheidung von Grundflächen aus dem öffentlichen Wassergut, die nicht für den mit der Widmung als öffentliches Wassergut verbundenen Zweck dauernd entbehrlich erscheinen.

Die WRB. hatte hier einen Antrag auf Ausscheidung mehrerer Parzellen aus dem öffentlichen Wassergut mit der Begründung abgewiesen, daß dieses öffentliche Wassergut dem Abfluß des Mühlbaches diene, der ein öffentliches Gewässer sei und gemäß § 2 Abs. 3 WRG. auch in Wasserkraftanlagen öffentliches Gewässer bleibe. Das Mühlbachwasser bedürfe zu seinem Abfluß in der Kette der Wasserwerksanlagen nach wie vor auch der zur Ausscheidung beantragten Teilflächen, wobei die Art der Wasserführung als oberirdisches Gerinne oder in unterirdischen Rohrleitungen keine entscheidende Rolle spiele. Die erwähnten Teilflächen seien somit für ihren Widmungszweck, nämlich Gewährleistung des Abflusses des Mühlbachwassers, nicht entbehrlich.

Dem hielt der Beschwerdeführer entgegen, daß die Gewährleistung des Abflusses eines öffentlichen Gewässers für sich allein keine erschöpfende Begründung für die Abweisung seines Ausscheidungsantrages sein könne. Daß ein Gewässer abfließen müsse, liege in seinem Wesen; in diesem Sinne wäre kein Flußbett entbehrlich. Durch die beantragte Ausscheidung würde auch keine Veränderung der tatsächlichen Verhältnisse eintreten, sondern nur eine in den formalrechtlichen Verhältnissen.

„Nach § 4 Abs. 7 WRG. hat der Landeshauptmann die Ausscheidung von Grundflächen aus dem öffentlichen Wassergute auf Antrag eines Beteiligten dann auszusprechen, wenn diese Flächen für den mit der Widmung als öffentliches Wassergut verbundenen Zweck dauernd entbehrlich erscheinen. Vorliegend hat die Behörde als Widmungszweck die Sicherung des Wasserabflusses bezeichnet. Der Beschwerdeführer hat nicht behauptet, daß die gegenständliche Grundfläche für den erwähnten Zweck nicht mehr in Betracht komme, er hat nur geltend gemacht, daß auch andere Zwecke in Betracht kommen, und dann weiter argumentiert, daß die Eigenschaft des Grundstückes als öffentliches Wassergut für diese Zwecke nicht erforderlich sei bzw. diese Zwecke auch auf anderem Wege, so durch dingliche Rechte gesichert werden können. Der Beschwerdeführer verfällt damit einer unrichtigen Auslegung des Gesetzes, er verwechselt die vom Gesetz ins Auge gefaßte Entbehrlichkeit des Objektes mit der Entbehrlichkeit der besonderen Eigenschaft des Objektes als öffentliches Wassergut. Die Beschwerde erweist sich dadurch als gänzlich verfehlt."

Nr. 3: zu § 4 Abs. 7 WRG.

VwGH. Erk. v. 23. September 1954, Zl. 1112/54, Slg. N. F. Nr. 3503 (A), Aufhebung eines Berufungsbescheides des BM. f. L. u. F.:

Dem Ausspruch des Landeshauptmannes als gemäß § 4 Abs. 7 WRG. legitimierten Verwalters der zum öffentlichen Wassergut gehörigen Grundstücke, daß er nicht in der Lage sei, einer beantragten Grenzänderung als Mappenberichtigung zuzustimmen, mangelt ein rechtsfeststellender, rechtserzeugender oder rechtsvernichtender Inhalt; er kann daher nicht als ein Bescheid angesehen werden. — Mangelt einer behördlichen Erledigung der Bescheidcharakter, dann fällt die Grundlage für eine Anwendung des § 76

und § 77 AVG. und damit die Berechtigung zur Auferlegung von Ver-
fahrenskosten.

Der LH. hatte gemäß § 4 Abs. 7 WRG. nach Durchführung eines Lokalaugenscheines einer beantragten Mappenberichtigung im Sinne des § 27 Liegenschaftsteilungsgesetzes nicht zugestimmt, zugleich aber die Kosten des Verfahrens dem Antragsteller auferlegt.

„Der Auffassung, daß es sich vorliegend um die Kosten eines Verfahrens auf Ausscheidung aus dem öffentlichen Wassergut nach § 4 Abs. 7 WRG. gehandelt habe, widerspricht nicht nur der Umstand, daß es sich hiebei um ein Verfahren handeln würde, welches nur auf Antrag eines Beteiligten eingeleitet wird, ein solcher Antrag aber im Beschwerdefalle nicht vorlag, sondern auch die dem vom Beschwerdeführer gestellten Ansuchen auf Zustimmung zur Mappenberichtigung entsprechende Erledigung des Landeshauptmannes, wonach er als gemäß § 4 Abs. 7 des WRG. legitimierter Verwalter des öffentlichen Wassergutes die Zustimmung zur Mappenberichtigung verweigerte. Wie schon die Fassung des Spruches und im übrigen auch die Begründung zeigt, handelt es sich bei der Zitierung des § 4 Abs. 7 WRG. nur um eine Berufung auf den zweiten Satz dieses Absatzes, worin neben der Zuständigkeit des Landeshauptmannes zu verschiedenen wasserrechtlichen Entscheidungen auch seine Zuständigkeit zur Verwaltung des öffentlichen Wassergutes angeführt ist. Nur in dieser Eigenschaft ist der Landeshauptmann vom Beschwerdeführer zur Abgabe einer Zustimmungserklärung angerufen worden und nur die Verweigerung der begehrten Erklärung bildet den Gegenstand der von ihm getroffenen Erledigung. Daran vermag auch der Umstand nichts zu ändern, daß diese Erledigung unrichtigerweise in der äußeren Form eines Bescheides erging. Mangels eines rechtsfeststellenden oder eines rechtserzeugenden oder rechtsvernichtenden Inhaltes kann der getroffenen Erledigung der Charakter einer behördlichen Entscheidung oder Verfügung nicht zukommen. Damit fällt aber auch die Grundlage für die Anwendung der §§ 76 und 77 AVG. fort. Denn nach Art. II EGVG. 1950 finden die Verwaltungsverfahrensgesetze auf die Tätigkeit der dort genannten Behörden nur insoweit Anwendung, als sie behördliche Aufgaben besorgen, d. h. als sie in Angelegenheiten der Hoheitsverwaltung tätig werden, nicht aber auch soweit sie die betreffende Gebietskörperschaft, im vorliegenden Fall den Bund, als Trägerin von Privatrechten vertreten."

Nr. 4: zu § 4 Abs. 7 WRG.

Berufungsentscheidung des BM. f. L. u. F. v. 5. März 1955, Zl. 97531/1—84011/54:

Die Wasserrechtsbehörde ist nicht zur Entscheidung darüber zuständig, ob ein Parzellenteil des öffentlichen Wassergutes ersessen ist und wem er gehört.

Mit Schreiben vom 20. Juli 1954 bat die Berufungswerberin das Amt der Landesregierung, das an ihre Waldparzelle angrenzende Waldstück, das sie und ihre Rechtsvorgänger als ihr Eigen-

tum angesehen und gepflegt hatten, sich aber nun anläßlich einer Grundablöse als Teil der Bach-
parzelle (öffentliches Gut) herausgestellt hat, ihrer Waldparzelle zuzuschreiben.

„Die Berufungsbehörde vermag sich nun der Auffassung der ersten Instanz, daß das Schreiben vom 20. Juli 1954 einen Antrag auf Ausscheidung aus dem öffentlichen Wassergut darstelle, nicht anzuschließen. Wortlaut und Sinn der Eingabe richten sich nicht auf eine Ausscheidung aus dem öffentlichen Gut bzw. Erwerbung der gegenständlichen Fläche, sondern auf die Anerkennung ihres Eigentumsrechtes und die Herstellung der Grundbuchsordnung. Die Ausscheidung aus dem öffentlichen Wassergut hätte ja nur zur Folge, daß die gegenständliche Fläche ihres öffentlich-rechtlichen Widmungszweckes entkleidet würde und in das Privateigentum der Republik Österreich überginge, von der sie die Berufungswerberin dann kaufen müßte. Die Berufungswerberin will jedoch diese Fläche nicht erst kaufen, sondern behauptet, daß sie ihr schon gehöre. Die Frage, wem ein Parzellenteil gehört und ob eine Ersitzung vorliegt, ist aber nicht öffentlich-rechtlicher Natur und nicht von der Wasserrechtsbehörde zu entscheiden, sondern unterliegt als zivilrechtliche Angelegenheit letzten Endes der Beurteilung des ordentlichen Gerichtes.

Nach Wortlaut und Sinn ist das Schreiben vom 20. Juli 1954 vielmehr die Bitte der Berufungswerberin an den Landeshauptmann als den gemäß § 4 Abs. 7 WRG. legitimierten Verwalter der zum öffentlichen Wassergut gehörenden Nachbarparzelle um Anerkennung bzw. Zustimmung zur Grenz- und Mappenberichtigung. Das Amt der Landesregierung hätte hier also nicht als Behörde, in Angelegenheiten der Hoheitsverwaltung, sondern als Verwalter der Grundstücke des öffentlichen Wassergutes, als Träger von Privatrechten tätig zu werden.

Zur Sache sei noch bemerkt, daß die Ersitzungszeit gegen öffentliches Wassergut gemäß § 1472 ABGB. 40 Jahre beträgt und gemäß § 4 Abs. 5 WRG. vor dem 1. November 1934 vollendet gewesen sein muß. Ferner spricht auch gemäß § 4 Abs. 1 WRG. bis zum Beweis des Gegenteils die gesetzliche Vermutung für die Zugehörigkeit der strittigen Grundfläche zum öffentlichen Wassergut."

Nr. 5: zu § 8 WRG.

VwGH. Beschluß v. 14. Oktober 1954, Zl. 3285/53, Slg. N. F. 3521 (A), Zurückweisung einer Beschwerde gegen einen Berufungsbescheid des LH. v. O.-Ö.:

Die Erhaltung des Gemeingebrauches eines Gewässers für wirtschaftliche Zwecke bildet weder den Inhalt eines subjektiven Rechtes der Einwohner einer Gemeinde noch der Gemeinde selbst; die Wahrung der Erhaltung des Gemeingebrauches obliegt im wasserrechtlichen Verfahren allein den Wasserrechtsbehörden. — Im Verfahren zur Erhaltung des Gemeingebrauches eines Gewässers haben die Interessenten an der Wassernutzung

*nach § 8 WRG. mangels Rechtsverletzungsmöglichkeit keine Beschwerde-
berechtigung vor dem Verwaltungsgerichtshof.*

„Die Bestimmung des § 8 WRG. über den Gemeingebrauch an
öffentlichen und privaten Gewässern, wonach eine gewisse Benutzung
der Gewässer ohne besondere Bewilligung der Wasserrechtsbehörde un-
entgeltlich erlaubt ist, gewährt eine Befugnis auf genossenschaftlicher[*]
Basis, der jedoch im Bereich der öffentlich-rechtlichen Sphäre die Ver-
folgbarkeit durch den einzelnen mangelt. Dies zeigt insbesondere die
Bestimmung des § 12 WRG. über die Abgrenzung der subjektiven Rechte
im Sinne dieses Gesetzes. Nach der Vorschrift des Abs. 2 dieser Gesetzesstelle sind als bestehende Rechte rechtmäßig geübte Wassernutzungen mit
Ausnahme des Gemeingebrauches gemäß § 8, die Nutzungsbefugnisse nach
§ 5 Abs. 2 und das Grundeigentum anzusehen. Der Verwaltungsgerichtshof schließt sich mit dieser Feststellung der Rechtsansicht an, die der ehe-
malige k. k. Verwaltungsgerichtshof bereits in seinem Erkenntnis vom
18. Jänner 1916, Slg. Nr. 11212 (A), zum Ausdruck gebracht hat, derzufolge die Erhaltung des Gemeingebrauches des Wassers keineswegs den
Inhalt eines subjektiven Rechtes der einzelnen Einwohner einer Gemeinde
oder auch der Gemeinde selbst bildet, vielmehr nur im öffentlichen
Interesse liege, dessen Wahrung im wasserrechtlichen Verfahren den
Wasserrechtsbehörden allein obliegt. Da sich nun der Beschwerdeführer
in seiner Beschwerde ausdrücklich auf eine Verletzung des ihm nach
§ 8 WRG, zustehenden Rechtes am Gemeingebrauche beruft, mußte
davon ausgegangen werden, daß er nicht in einem subjektiven öffentlichen Rechte gemäß Art. 131 Z. 1 B.-VG. verletzt sein konnte."

Nr. 6: zu §§ 8, 9 und 87 WRG.

Berufungsentscheidung des BM. f. L. u. F. v. 21. Februar 1955,
Zl. 97550/1—23670/55:

*Nicht stichhältige Einwendungen gegen vorgeschriebene Maßnahmen zur
Gewässerreinhaltung.*

„Der Hinweis auf die Schwierigkeit, die notwendigen Mittel aufzu-
bringen, ändert nichts an der gesetzlichen Pflicht des Berufungswerbers,
seine Betriebsabwässer vor Einleitung in den Bach zu reinigen. Es geht
nicht an, Betriebe zu errichten und auszubauen, aber die Reinigung der
anfallenden Abwässer einer späteren Zukunft zu überlassen, d. h. praktisch die Vorteile des Betriebsausbaues selbst in Anspruch zu nehmen, die
Nachteile aber andere oder die Allgemeinheit tragen zu lassen. Anlagen
zur Reinigung der Abwässer müssen vielmehr als wesentlicher und inte-

---

[*] Anm.: „genossenschaftlich" ist hier nicht im Sinne einer Wassergenossenschaft, sondern wohl im allgemeinen Sinne des deutschrechtlichen Begriffes der
Allmende (Markgenossenschaft) zu verstehen.

grierender Bestandteil des Ausbauprojektes und der Ausbaukosten angesehen werden. Ebensowenig stichhältig ist der Hinweis auf die anderweitige Verschmutzung des Baches. Vermöchten solche Hinweise auf
andere, gleichfalls gesetzwidrige Mißstände die Verpflichtung zur Reinigung der eigenen Abwässer aufzuheben oder aufzuschieben, könnte nie
das vom Gesetzgeber gesteckte Ziel der Reinhaltung der Gewässer erreicht werden.

Der angefochtene Bescheid hat festgestellt, daß durch die Einleitung
der Betriebsabwässer des Berufungswerbers das biologische Gleichgewicht
im Bach in einer für Gewässer und Bett wie auch für die Fischerei schädlichen Weise zerstört und der Gemeingebrauch der Unterlieger auf weite
Strecken unmöglich gemacht wird. Die Berufung vermeint dagegen anführen zu können, daß die Fischereirechte durch Aufkauf aller Fischerei-
karten vom Fischereiberechtigten abgelöst und dadurch diesbezüglichen
Einwendungen der Boden entzogen wurde. Durch solche Entschädigungs-
leistungen können wohl Ansprüche von Fischereiberechtigten ausgeschal-
tet werden, der Eingriff in die natürlich-biologischen Verhältnisse des
nicht dem Berufungswerber gehörigen Gewässers, der Schaden an der im
öffentlichen Interesse liegenden Fischereiwirtschaft, die ungünstige Wirkung auf Anrainer und Fremde wird dadurch jedoch um nichts ver-
mindert."

Nr. 7: zu § 9 WRG.

VwGH. Erk. v. 23. Februar 1955, Zl. 2431/53, Aufhebung eines Berufungsbescheides der Salzburger Landesregierung:

*Unzulässige Vermischung von Sanitätspolizei, Wasserrecht und Baurecht
bei Behebung von Mißständen.*

Die Erkrankung zweier Bewohner eines Objektes an Typhus gab Anlaß zu einer kommis-
sionellen Verhandlung an Ort und Stelle unter Beiziehung von Amtssachverständigen für Sanitäts-
und Bauwesen. Auf Grund der dabei erhobenen Mißstände verfügte der Magistrat S. unter Berufung auf § 3 des Reichssanitätsgesetzes, § 9 des Wasserrechtsgesetzes und § 72 der Landes-
bauordnung, daß die Trinkwasserentnahme aus dem Schachtbrunnen des gegenständlichen Objektes
zu unterbleiben habe, daß die bauordnungswidrige Senkgrube sofort aufzulassen und durch eine
neue, bauordnungsgemäß absolut dichte Senkgrube zu ersetzen sei, daß ein Überlaufen des Senk-
grubeninhaltes in eine Versitzgrube bzw. eine Einleitung von Abwässern in den vorbeifließenden
Bach nicht erfolgen dürfe und daß, wenn ein Anschluß an die städtische Trinkwasserleitung nicht
möglich sei, eine neue Brunnenanlage in einer Mindestentfernung von 10 bis 15 m grundwasser-
stromaufwärts der neuen Senkgrube errichtet werden müsse.

„Der Magistrat hat sich bei den zur Beseitigung des sanitätswidrigen
Zustandes getroffenen Maßnahmen auf verschiedene Rechtsnormen berufen, die, da der Berufungsbescheid diesbezüglich keine Abänderung des
erstinstanzlichen Spruches enthält, auch als rechtliche Grundlage des angefochtenen Bescheides gelten müssen. Der in Pkt. II der Beschwerdeführerin
erteilte Auftrag wird auf § 7 des Gesetzes, betreffend die Verhütung der
Verbreitung übertragbarer Krankheiten durch das Überhandnehmen von
Ratten, BGBl. Nr. 68/1925, gestützt. Bezüglich dieses Bundesgesetzes, zu
dessen Vollziehung der Bundesminister für soziale Verwaltung berufen

ist, dürfen von der Landesregierung als oberstem Vollzugsorgan des Landes keine Vollzugsakte gesetzt werden. Die Vollziehung des Gesetzes steht in der Landesstufe nur dem Landeshauptmann als dem verfassungsmäßigen Vollzugsorgan in mittelbarer Bundesverwaltung zu. Daher ist der angefochtene Bescheid, soweit er den erstinstanzlichen Bescheid in diesem Punkte bestätigt und damit eine meritorische Berufungsentscheidung fällte, schon aus diesem Grunde mit Rechtswidrigkeit infolge Unzuständigkeit der belangten Behörde belastet und mußte in dieser Hinsicht gemäß § 42 Abs. 2 lit. b VwGG. aufgehoben werden.

Bezüglich des Punktes I des erstinstanzlichen Bescheides hat der Magistrat neben § 3 des Reichssanitätsgesetzes, der, wie die Beschwerde zutreffend bemerkt, nur die Abgrenzung des Aufgabenbereiches der den Gemeinden durch die Gemeindegesetzgebung zur Besorgung im selbständigen Wirkungskreis zugewiesenen Gesundheitspolizei enthält und der daher als materielle Rechtsgrundlage für die getroffenen Anordnungen nicht in Betracht kommen kann, das Wasserrechtsgesetz (§ 9) und die Bauordnung für das Land Salzburg (§ 72) herangezogen, ohne jedoch darzulegen, auf welche von beiden Vorschriften seine Verfügungen im einzelnen beruhen. Soweit es sich um die Vollziehung des Wasserrechtsgesetzes handeln würde, müßte allerdings das gleiche gelten wie für die auf Grund des vorhin erwähnten Gesetzes BGBl. Nr. 68/1925 getroffene Verfügung, denn auch zum Vollzug des Wasserrechtsgesetzes ist in der Landesstufe immer nur der Landeshauptmann, niemals aber die Landesregierung zuständig, da es sich auch hiebei um eine Angelegenheit handelt, die in der Landesstufe stets in mittelbarer Bundesverwaltung zu besorgen ist. Eine nähere Prüfung der getroffenen Anordnungen zeigt jedoch, daß mit der Berufung auf § 9 WRG. offenbar nur darauf hingewiesen werden sollte, daß die Einbringung von Abwässern in öffentliche Gewässer nach § 9 Abs. 1 WRG. einer wasserrechtlichen Bewilligung bedarf, ohne daß im konkreten Fall untersucht worden wäre, ob eine solche Bewilligung vorhanden ist und ohne daß dem Magistrat ein auf Erteilung einer solchen Bewilligung abzielender Antrag vorgelegen wäre. Die tragende Grundlage aller im Punkt I getroffenen Verfügungen konnte daher nur die Bauordnung für das Land Salzburg bilden.

Die belangte Behörde glaubt nun, wie die Begründung ihres Bescheides zeigt, daß § 72 Bauordnung für das Land Salzburg, LG. u. VBl. Nr. 15/1879, eine gesetzliche Grundlage für die vom Magistrat getroffenen Anordnungen böte. Sie übersieht dabei, daß diese Vorschrift — wie alle übrigen im Abschnitt III der Bauordnung enthaltenen — zunächst nur Grundsätze darstellen, die bei der Planung von neuen Bauvorhaben zu beachten sind und von deren Befolgung durch den Bauwerber es abhängen wird, ob seinem Vorhaben die Baubewilligung erteilt werden kann. Im vorliegenden Fall handelt es sich aber nicht um ein neues Bauvorhaben, nämlich die Errichtung eines neuen oder die Wiederherstellung eines zerstörten Gebäudes, sondern um einen Altbestand, bei dem, was nach den Feststellungen der Behörde nicht in Zweifel zu ziehen ist, schwere sanitäre Mißstände aufgetreten sind. In welcher Weise solche Mißstände mit den der Baubehörde an die Hand gegebenen Mitteln beseitigt werden können, hängt nun zunächst von der Frage ab, ob der Zustand des Gebäudes, wie er sich im Zeitpunkt des behördlichen Einschreitens darstellte, dem seinerseits erteilten Baukonsens, der ja auch die Abortanlage und die Senkgrube umfaßt haben muß, entspricht oder nicht. In letzterem Falle würde es sich um ein Baugebrechen handeln, zu dessen Beseitigung die Behörde baupolizeiliche Aufträge erteilen könnte, mit dem Ziel, den konsensmäßigen Zustand wieder herzustellen. Befände sich das Bauwerk aber im konsensmäßigen Zustand, so könnte lediglich im Wege des § 68 Abs. 3 AVG. durch Abänderung oder Aufhebung der seinerzeit erteilten Baubewilligung Abhilfe geschaffen werden. Daß die belangte Behörde es unterlassen hat, zu untersuchen, wie diese Baubewilligung gelautet hat und ob der Zustand des Gebäudes der seinerzeit erteilten Baubewilligung entsprach, belastet ihren Bescheid bereits mit Rechtswidrigkeit infolge Verletzung von Verfahrensvorschriften im Sinne einer Ergänzungsbedürftigkeit des Sachverhaltes, weshalb der angefochtene Bescheid in diesem Punkt gemäß § 42 Abs. 2 lit. c Z. 2 VwGG. aufzuheben war."

Nr. 8: zu §§ 13 und 16 WRG.

VwGH. Erk. v. 21. Februar 1957, Zl. 1983/53, Abweisung einer Beschwerde gegen einen Berufungsbescheid des LH. v. Tirol:

Sachverständigengutachten und Beweiswürdigung. Durch die Bewilligung der Erweiterung einer Wasserbenutzungsanlage kann der Unterlieger in keinem Recht verletzt werden, wenn die Behörde bei ihrer Entscheidung von der durch das abgeführte Ermittlungsverfahren festgelegten Annahme ausgegangen ist, daß eine Beeinträchtigung der Wasserbenutzungsrechte des Unterliegers nicht eintritt.

„Der Beschwerdeführer bringt vor, daß das Gutachten eine ‚Wahrscheinlichkeitsprognose' sei und der Sachverständige nicht in der Lage gewesen wäre, die unterirdischen Abflüsse — sogenannte Karstwege — auszuschließen. Solche seien bei dem unweit entfernten See eindeutig nachweisbar. Es sei daher Grund zu der Annahme gegeben, daß durch die Arbeiten der mitbeteiligten Partei mit der Planierungsraupe verlegte Karstwege freigelegt wurden. Gerade über die Karsterscheinungen bestehe unter den Fachgelehrten keine einheitliche Auffassung, weshalb es notwendig sei, noch ein anderes ausführliches Gutachten einzuholen. Mit diesem Vorbringen bekämpft der Beschwerdeführer die Richtigkeit des Sachverständigengutachtens. Die Wertung eines solchen Sachverständigengutachtens unterliegt der freien Beweiswürdigung der erkennenden Behörde. Sie ist der Überprüfung durch den Verwaltungsgerichtshof nur insoweit unterworfen, als es sich um Tatsachenfeststellungen handelt, die sich auf aktenwidrige Annahmen gründen, auf logisch unhaltbaren Schlüssen beruhen oder in einem mangelhaften Verfahren zustande gekommen sind. Das Vorliegen solcher Ausnahmefälle hat der Beschwerdeführer selbst nicht behauptet. Daß ein Gutachten über die voraussichtlichen Auswirkungen einer getroffenen Maßnahme immer eine Art ‚Wahrscheinlichkeitsprognose‘ ist, hätte der Beschwerdeführer selbst erkennen können. Denn mit einer jeden Zweifel ausschließenden Sicherheit können die in der Zukunft liegenden Auswirkungen einer in der Gegenwart getroffenen Maßnahme wohl niemals festgestellt werden. Soweit der Beschwerdeführer aber die vorgenommene Untersuchungsmethode bemängelt, ist ihm entgegenzuhalten, daß es dem Sachverständigen überlassen werden muß, diejenigen Untersuchungsmethoden zu bestimmen, die er für die Abgabe seines Gutachtens für erforderlich erachtet.

Hinsichtlich der Amtssachverständigen hat der Beschwerdeführer ausgeführt, daß deren Gutachten mangelhaft seien und an dem Kern der Sache vorbeigehen. Mit einem solchen Vorbringen allein läßt sich die Richtigkeit eines Gutachtens aber nicht bekämpfen.

Als weiteren Mangel des Verfahrens macht der Beschwerdeführer geltend, daß es unterlassen worden sei, den Seeabfluß bei gesenktem und bespanntem Spiegel des Sees und der Teiche innerhalb eines Zeitraumes von einer Woche bei gleichbleibenden Zuflüssen zu messen. Desgleichen hätte er die bei der Ortschaft L. aufliegenden Wassermessungen einzuholen beantragt und Zeugen namhaft gemacht, die angeben hätten können, daß nach den Erweiterungsbauten eine empfindliche Einbuße der Wassernutzung eingetreten sei. Hiezu hat die belangte Behörde in der Begründung des angefochtenen Bescheides ausgeführt, daß mit Rücksicht auf die objektiven Messungen und das Gutachten der Sachverständigen die Durchführung der beantragten Beweise entbehrlich gewesen sei, wozu noch komme, daß der Bürgermeister von L. erklärt habe, daß ihm von dem „schlagartigen Nachlassen des Wassers“ nichts bekannt gewesen sei. Wenn daher die belangte Behörde im Hinblick auf die Vorschrift des § 39 Abs. 2 AVG., wonach bei der Durchführung des Ermittlungsverfahrens auf möglichste Zweckmäßigkeit, Raschheit, Einfachheit und Kostenersparnis Rücksicht zu nehmen ist, die Durchführung der beantragten Beweise abgelehnt hat, so kann der Verwaltungsgerichtshof nicht finden, daß damit Verfahrensvorschriften verletzt wurden, bei deren Einhaltung die belangte Behörde zu einem anderen Bescheid hätte kommen können.

Endlich bringt der Beschwerdeführer noch unter dem Gesichtspunkte der Rechtswidrigkeit des Bescheidinhaltes vor, aus der Bestimmung des

§ 13 WRG. ergebe sich, daß keinesfalls durch einen neuen Konsens anderen Wasserberechtigten das Wasser entzogen werden dürfe. § 16 WRG. spreche auch aus, daß bei einem Widerstreit zwischen bestehenden Wasserrechten und geplanten Wassernutzungsrechten erst nach Sicherung der bestehenden Wasserrechte für den Konsenswerber zu entscheiden sei. Durch die Erweiterung der Fischzucht sei der Beschwerdeführer in seiner Nutzung des Wassers geschmälert. Auch dieses Vorbringen des Beschwerdeführers zeigt, daß er die bestehende Rechtslage und die Entscheidung der Behörde verkannt hat. Denn die belangte Behörde ist bei ihrer Entscheidung von der vom Beschwerdeführer aufgezeigten Rechtslage ausgegangen. In einem Recht konnte aber der Beschwerdeführer durch die Genehmigung der Erweiterung der Anlage der mitbeteiligten Partei nicht verletzt sein, wenn die belangte Behörde bei ihrer Entscheidung von der durch das abgeführte Ermittlungsverfahren festgelegten Annahme ausgegangen ist, daß eine Beeinträchtigung der Wassernutzungsrechte des Beschwerdeführers nicht eintritt.“

Nr. 9: zu § 14 WRG.

VwGH. Erk. v. 30. Juni 1955, Zl. 234/52, teilweise Aufhebung eines Berufungsbescheides des BM. f. L. u. F.:

Die Errichtung der erforderlichen Verkehrsanlagen kann nicht schon bei Möglichkeit eines Tausches der betroffenen Grundstücke als entbehrlich angesehen werden, sondern erst und nur dann, wenn eine solche Arrondierung des Grundbesitzes bereits tatsächlich durchgeführt wurde oder doch die Parteien sich bereits darüber geeinigt haben.

„. . . Der Verwaltungsgerichtshof vermag der belangten Behörde auch in meritorischer Hinsicht nicht beizupflichten, wenn sie vermeint, daß die Errichtung der anläßlich der Erteilung der wasserrechtlichen Bewilligung für die Durchführung der Regulierung im gegenständlichen Abschnitt vorgeschriebenen Wirtschaftsbrücke dadurch hinfällig geworden sei, daß zufolge der für das Regulierungsvorhaben gewählten Trassenführung die durch den regulierten Flußlauf vom übrigen Besitz abgetrennten Grundstücke auf beiden Seiten des Flusses flächen- und wertmäßig gleichartig und daher zu einem Austausch im Zusammenlegungswege geeignet sind. Diese Auffassung findet nach Ansicht des Verwaltungsgerichtshofes in dem auch von der belangten Behörde für die Entscheidung in diesem Punkt als maßgebend erkannten § 14 WRG. keine Deckung. Nach dieser Vorschrift, die nicht nur für Wasserbenützungsanlagen, sondern immer dann anzuwenden ist, wenn durch eine neue Wasserführung bisher zusammenhängende Grundflächen getrennt werden, was bei der vorliegenden Flußregulierung der Fall ist, ist dem Bewilligungswerber unter anderem die Herstellung und Erhaltung der

zur Vermeidung wesentlicher Wirtschaftserschwernisse notwendigen
Brücken, Stege und Durchlässe aufzuerlegen, soferne nicht die Herstellung
solcher Verkehrsanlagen durch Zusammenlegung von Grundstücken oder
auf andere Weise entbehrlich w i r d. Es genügt nach der Fassung des
Gesetzes somit nicht, wie die belangte Behörde anzunehmen scheint, die
Möglichkeit eines Tausches der durch die Regulierung auf die andere
Flußseite zu liegen kommenden Grundstücke zwischen den Grund-
besitzern, vielmehr kann die Errichtung der erforderlichen Verkehrsanlagen erst und nur dann als entbehrlich angesehen werden, wenn eine
solche Arrondierung des Grundbesitzes bereits tatsächlich durchgeführt
wurde oder die Parteien sich bereits hierüber geeinigt haben. Daß dies
im vorliegenden Fall zutreffen würde, hat die belangte Behörde nicht
behauptet. Sie hat sich nur darauf berufen, daß eine solche Arrondierung
durch Zusammenlegung der Sachlage nach möglich wäre. Dies reicht aber,
wie im Vorstehenden dargelegt wurde, nicht dazu aus, von der Herstellung der erforderlichen Verkehrsverbindungen abzusehen, zumal die
belangte Behörde ihren Bescheid auch nicht etwa damit begründet hat,
daß die im Bescheid der Erstbehörde vorgeschriebene Herstellung und
Erhaltung der Wirtschaftsbrücke und der daran anschließenden Wege
auf den Dammkronen zur Vermeidung wesentlicher Wirtschaftserschwernisse nicht notwendig wäre."

Nr. 10: zu §§ 14, 45 und 93 WRG.

VwGH. Erk. v. 12. September 1957, Zl. 3065/54, Aufhebung eines Berufungsbescheides des LH. von Salzburg:

Die Auferlegung der Pflicht zur Herstellung und Erhaltung von Verkehrs-
anlagen kann nur im Bewilligungsverfahren und nur dem Bewilligungs-
werber gegenüber erfolgen.

Mit Bescheid der BH. T. wurde der Beschwerdeführer unter Bezugnahme auf die §§ 14,
45, 93 und 99 WRG. verpflichtet, zur einmaligen Wiederherstellung der seiner Mühle benachbarten, über die T. führenden Gemeindebrücke einen Kostenbeitrag zu leisten. Dies mit der Begründung, daß die Erhaltung der genannten Brücke nur im Bereich der T. selbst der Gemeinde
obliege, während die Erhaltung des zu seiner Anlage gehörigen Wassergrabens dem Beschwerdeführer zufalle, weshalb er anteilsmäßig auch für die Erhaltung der Brücke im Bereich dieses
Gerinnes aufzukommen habe.

„Der Verwaltungsgerichtshof hatte sich zunächst die Frage vorzulegen, welche Bedeutung der Tatsache zukommt, daß der Beschwerdeführer sich in dem anläßlich der wasserrechtlichen Verhandlung in erster
Instanz vom 19. Mai 1953 geschlossenen Übereinkommen verpflichtet hatte,
einen Betrag von 4700 S zur einmaligen Erneuerung der gegenständlichen Brücke innerhalb eines Zeitraumes von drei Monaten in barem
oder in Naturalleistungen der Gemeinde zu erstatten. Dieser Frage
kommt deshalb Bedeutung zu, weil die Auffassung nahe läge, daß der
Beschwerdeführer dadurch, daß ihm der angefochtene Bescheid eine Verpflichtung auferlegt, die dem Grunde nach mit der in dem Übereinkom-

men freiwillig übernommenen Verpflichtung übereinstimmt, dem Betrage nach jedoch sogar hinter letzterer zurückbleibt, in seinen Rechten überhaupt nicht verletzt werden konnte. Allein der Verwaltungsgerichtshof ist der Ansicht, daß die Beschwerdeberechtigung im vorliegenden Falle schon deshalb angenommen werden muß, weil angesichts des vom Beschwerdeführer erklärten Widerrufes der Vereinbarung vom 19. Mai 1953 und der von ihm daraus abgeleiteten Unwirksamkeit der darin übernommenen Verpflichtung dem angefochtenen Bescheid jedenfalls die Bedeutung zukommt, daß die Verpflichtung des Beschwerdeführers zur Leistung eines Beitrages zur Erneuerung der Brücke durch den Bescheid noch zusätzlich auf eine behördliche Verfügung gestützt worden ist, die den Beschwerdeführer daher unabhängig von dem getroffenen Übereinkommen und aus einem anderen Rechtstitel belastet, so daß dem Beschwerdeführer dagegen jedenfalls das Beschwerderecht zugebilligt werden muß...

Die Gesetzmäßigkeit des angefochtenen Bescheides — und zwar sowohl was die bescheidmäßige Auferlegung der Verpflichtung zur Beitragsleistung als auch was die Beurkundung des Übereinkommens betrifft — hängt in erster Linie davon ab, ob den Wasserrechtsbehörden überhaupt eine taugliche Rechtsgrundlage zur Verfügung stand, über das Begehren der Marktgemeinde auf Festsetzung eines Beitrages des Beschwerdeführers zu den Kosten der Erneuerung der Brücke in einem wasserrechtlichen Verfahren in positivem Sinne eine Entscheidung zu treffen.

Die erste Instanz hat sich als materiellrechtliche Grundlage für ihre Entscheidung auf die §§ 14 und 45 WRG. berufen und die belangte Behörde hat es dabei bewenden lassen. Beide Gesetzesstellen sind aber nicht geeignet, eine Beitragspflicht des Beschwerdeführers selbst unter der Annahme, daß das Unterwassergerinne seiner Wasserbenützungsanlage von der Brücke tatsächlich überquert wird, zu begründen. § 14 WRG. bestimmt nur, daß bei Anlegung von Gräben, Kanälen und über dem Gelände geführten Wasserleitungen die Herstellung und Erhaltung der zur Aufrechterhaltung der bisherigen Verkehrswege und zur Vermeidung wesentlicher Wirtschaftserschwernisse notwendigen Brücken, Stege und Durchlässe dem Bewilligungswerber aufzuerlegen sind. Die Auflegung einer solchen Verpflichtung auf Grund dieser Gesetzesstelle kann somit nur im wasserrechtlichen Bewilligungsverfahren und nur dem Bewilligungswerber gegenüber erfolgen. Von einem wasserrechtlichen Verfahren, dem ein Antrag des Beschwerdeführers auf Erteilung einer wasserrechtlichen Bewilligung zugrunde gelegen wäre, kann aber im Beschwerdefall nicht die Rede sein.

Aber auch § 45 gab den Wasserrechtsbehörden keine Handhabe, dem Beschwerdeführer anläßlich der Wiederherstellung der Brücke eine Beitragsleistung zu den Kosten aufzuerlegen. Nach dieser Gesetzesstelle sind die Wasserberechtigten in Ermangelung rechtsgültiger Verpflichtungen anderer Personen verhalten, ihre Anlagen und die dazugehörigen Kanäle, künstlichen Gerinne, Wasseransammlungen sowie sonstigen Vorrichtungen in dem der Bewilligung entsprechenden Zustand und, wenn dieser nicht erweislich ist, derart zu erhalten und zu bedienen, daß keine Verletzung öffentlicher Interessen oder fremder Rechte stattfindet. Nun hat die belangte Behörde im Beschwerdefall gar nicht behauptet, daß die gegenständliche Brücke, die ja primär eine Fortsetzung des zu beiden Seiten der T. führenden Gemeindeweges darstellt und im Eigentum der Gemeinde steht, eine zu der Wasserbenützungsanlage des Beschwerdeführers gehörige Vorrichtung sei, was nur dann der Fall sein könnte, wenn der Beschwerdeführer anläßlich der Genehmigung seiner Anlage im Sinne des § 14 WRG. verpflichtet worden wäre, die zur Aufrechterhaltung der Verkehrswege erforderliche Überbrückung seines Unterwassergerinnes herzustellen, woraus sich dann in weiterer Folge die Verpflichtung zur Erhaltung der Brücke durch den Beschwerdeführer ergeben würde. Für eine solche Annahme fehlt aber jede Grundlage. Die belangte Behörde hat in der Begründung ihres Bescheides selbst darauf hingewiesen, daß sowohl die Anlage des Beschwerdeführers als auch die Brücke jahrhundertealter Bestand sind und nicht mehr festgestellt werden könne, welche Anlage älter ist. Die Eintragungen im Wasserbuch enthalten wohl die Feststellung, daß der Beschwerdeführer und ein am anderen Ufer der T. im gleichen Abschnitt wasserberechtigter Sägewerksbesitzer gemeinsam zur Erhaltung der Wehranlage, die ihre Wasserentnahme aus dem Fluß regelt, verpflichtet sind, eine Verpflichtung hinsichtlich der Erhaltung der Brücke ist im Wasserbuch jedoch nicht eingetragen. Daraus ergibt sich aber, daß die von den Behörden angeführten Bestimmungen des Wasserrechtsgesetzes die Heranziehung des Beschwerdeführers zu einer Beitragsleistung für die Erneuerung der Brücke nicht zu rechtfertigen vermögen. Für eine Ableitung dieser Verpflichtung einzig aus der Tatsache, daß nach der vom Beschwerdeführer allerdings bebestrittenen Annahme der belangten Behörde die Brücke über das Unterwassergerinne des Beschwerdeführers führe, fehlt somit jede gesetzliche Grundlage.

Ob allenfalls auf anderer gesetzlicher Grundlage, etwa auf Grund landesgesetzlicher Vorschriften über die Erhaltung von Gemeindestraßen, dem Beschwerdeführer eine Beitragsleistung zur Brückenerneuerung hätte auferlegt werden können, hatte der Verwaltungsgerichtshof aus Anlaß der heutigen Beschwerde nicht zu untersuchen. Welche Bedeutung unter diesen Umständen dem Übereinkommen vom 19. Mai 1953 zukommt,

werden im Streitfalle die ordentlichen Gerichte zu entscheiden haben.
Denn durch die Feststellung, daß den Wasserrechtsbehörden eine rechtliche Grundlage gefehlt hat, die Kostenbeitragspflicht dem Beschwerdeführer aufzuerlegen, ist gleichzeitig auch dargetan, daß die Voraussetzungen, unter denen nach § 93 Abs. 3 WRG. die Zuständigkeit der Wasserrechtsbehörden gegeben ist, über die Auslegung und die Auswirkungen des Übereinkommens im Streitfalle eine Entscheidung zu treffen, fehlen."

Nr. 11: zu § 15 Abs. 1 WRG.

VwGH. Erk. v. 8. November 1956, Zl. 1181/53, Slg. N. F. Nr. 4190 (A), Aufhebung eines Berufungsbescheides des LH. von Oberösterreich:

Die Zuerkennung einer Entschädigung nach § 15 Abs. 1 setzt voraus, daß von den Fischereiberechtigten zeitgerecht Einwendungen erhoben werden.

„Gemäß § 90 Abs. 3 WRG. sind von jedem Gesuch um Erteilung einer wasserrechtlichen Bewilligung die nach den landesgesetzlichen Bestimmungen zur Wahrnehmung der Fischereiinteressen berufenen Stellen (Fischerei-Revierausschüsse) in Kenntnis zu setzen, welche zu der Verhandlung auf eigene Kosten Vertreter mit beratender Stimme entsenden können. Nach Abs. 4 haben die Verständigungen gemäß dem Abs. 3, unbeschadet der Zuziehung der erforderlichen Sachverständigen (§ 40 Abs. 1 AVG.) und der Beteiligten, zu erfolgen. Entsprechend dieser Vorschrift hat die Bezirkshauptmannschaft den Fischerei-Revierausschuß und die Fischereiberechtigten ordnungsgemäß zur wasserrechtlichen Verhandlung geladen. Diese Ladung erfolgte unter ausdrücklichem Hinweis auf die Rechtsfolgen des § 42 AVG. Dessenungeachtet sind zur Verhandlung aber weder Vertreter des Fischerei-Revierausschusses noch die Fischereiberechtigten erschienen. Der Verwaltungsgerichtshof ist nun der Meinung, daß auch die im § 15 Abs. 1 WRG. vorgesehenen Einwendungen der Fischereiberechtigten von den Rechtsfolgen des § 42 AVG. erfaßt werden, wonach Einwendungen, die nicht spätestens am Tage vor Beginn der Verhandlung bei der Behörde oder während der Verhandlung vorgebracht werden, keine Berücksichtigung finden und die Beteiligten dem Parteienantrag, dem Vorhaben oder der Maßnahme, die den Gegenstand der Verhandlung bilden, als zustimmend angesehen werden. Die Zuerkennung einer Entschädigung nach § 15 Abs. 1 WRG. setzt also voraus, daß von den Fischereiberechtigten z e i t g e r e c h t Einwendungen erhoben werden. Solche Einwendungen wurden indes im gegenständlichen Verwaltungsverfahren von den Fischereiberechtigten nicht erhoben. Aber auch das später schriftliche Vorbringen des Fischerei-Revierausschusses kann, unabhängig von der Frage der Rechtzeitigkeit dieses Vorbringens, nicht als eine dem Gesetz entsprechende Einwendung angesehen werden. Dieses Vorbringen ist dahingehend zusammenzufassen, daß durch die

Errichtung des Badesteges der Fischerei ein Schaden erwachsen würde, für welchen Schaden der Einschreiter dem Fischerei-Revierausschuß eine einmalige Entschädigung zu leisten habe. Nach § 15 Abs. 1 WRG. ist den Fischereiberechtigten das Recht eingeräumt, Einwendungen gegen die Bewilligung von Wasserbenutzungsrechten zu erheben. Das Gesetz hat solche Einwendungen jedoch nur in der Hinsicht als zulässig erkannt, daß der Fischereiberechtigte der Behörde die Vorschreibung von Maßnahmen zum Schutze der Fischerei, und zwar auch wieder nur ganz bestimmte Maßnahmen, vorschlagen kann. Diese Vorschläge (Einwendungen) hat die Behörde dem Bewilligungsbescheid in der Form von Auflagen hinzuzufügen, es wäre denn, daß durch die vorgeschlagenen Vorkehrungen der geplanten Wasserbenutzung ein unverhältnismäßiges Erschwernis erwächst. Die Möglichkeit der Vorschreibung einer angemessenen Entschädigung ist nur dann gegeben, wenn die Behörde zu dem Ergebnis kommt, daß die vorgeschlagenen Vorkehrungen ein unverhältnismäßiges Erschwernis verursachen würden. Bei dieser Sach- und Rechtslage kann die Frage ununtersucht bleiben, ob und inwieweit der Fischerei-Revierausschuß legitimiert ist, an Stelle der Fischereiberechtigten die im § 15 Abs. 1 WRG. vorgesehenen Einwendungen zu erheben, da dem Gesetz entsprechende Einwendungen auch vom Fischerei-Revierausschuß zeitgerecht nicht erhoben wurden."

Nr. 12: zu § 17 Abs. 1 WRG.

VwGH. Erk. v. 23. Oktober 1953, Zl. 745/52, Slg. N. F. Nr. 3152 (A), Abweisung einer Beschwerde gegen einen Bescheid des BM. f. L. u. F.:

Die Einschätzung des für die Einräumung einer allfälligen Vorzugstellung nach § 17 WRG. entscheidenden öffentlichen Interesses im Widerstreitverfahren liegt nicht im Ermessen der Behörde. Wohl aber bleibt die etwaige Vorschreibung besonderer vom bevorzugten Unternehmen einzuhaltender Bedingungen (§ 17 Abs. 1 WRG.) in das Ermessen der Behörde gestellt.

„Die Einschätzung der bestehenden öffentlichen Interessen im Sinne des § 17 WRG. liegt nicht im Ermessen der Behörde, sie hat sich mit der Frage auseinanderzusetzen, welches Unternehmen den öffentlichen Interessen besser dient. Bei dem ‚besser dienen‘ handelt es sich um einen unbestimmten gesetzlichen Ausdruck, der einer näheren Abgrenzung unter Bedachtnahme auf den Sinn der gesetzlichen Vorschrift bedarf. Der Verwaltungsgerichtshof konnte nun nicht finden, daß der Standpunkt der belangten Behörde, wonach die Versorgung einer Stadt mit Trinkwasser in erster Linie zu berücksichtigen sei und dieser gegenüber die Interessen eines Industrieunternehmens nach einwandfreiem Wasser zurückzutreten haben, dem Sinne des Gesetzes widerspräche oder sonstwie sinnwidrig wäre. Es konnte aber auch der Behauptung der Beschwerde nicht beigepflichtet werden, daß die Behörde ihrer Entscheidung einen unzulänglich erhobenen Sachverhalt zugrunde gelegt habe. Inbesondere muß der Einwand, daß das der Stadt zukommende Wasser nicht nur als Trink- bzw. Haushaltswasser, sondern in erheblichem Ausmaße auch als Nutzwasser für Industrien Verwendung finde, als belanglos angesehen werden, da es offenkundig ist, daß jede Wasserversorgungsanlage einer Stadt den primären Zweck der Versorgung der Bevölkerung mit einwandfreiem Trinkwasser verfolgt. Es gehört dies zu den sozialhygienischen Aufgaben der Gemeindeverwaltung (vgl. hg. Erkenntnis Slg. 1595/A/1950). Diese Aufgaben der Gemeindeverwaltung haben jedenfalls auch den Vorrang vor den Pflichten von Industrieunternehmungen auf hygienischem Gebiete, zumal es sich bei den ersteren um der Allgemeinheit dienende Interessen handelt, während bei den Industrieunternehmungen, auch wenn sie über Wunsch der Gemeinde im Gemeindegebiet errichtet worden sind, nur ein beschränkter Personenkreis in Betracht kommt.

Auch der Umstand, daß die Behörde von der gesetzlichen Ermächtigung des § 17 Abs. 1 WRG., dem bevorzugten Unternehmen bestimmte Bedingungen zur Berücksichtigung des anderen Entwurfes aufzuerlegen, nicht Gebrauch gemacht hat, kann keine Rechtswidrigkeit bedeuten, da es sich hier um eine Ermessensfreiheit der Behörde handelt und nicht behauptet werden kann, daß der Sinn des Gesetzes (Art. 130 Abs. 2 B-VG.) im gegenständlichen Falle die Auferlegung von Bedingungen zum Nachteile des Wasserwerkes der Stadt gebietet. Was schließlich den von der Beschwerdeseite erhobenen Vorwurf betrifft, daß die Behörde nicht von der Bestimmung des § 17 Abs. 2 WRG. Gebrauch gemacht habe, wonach bei Zweifeln über die Vorzugstellung das vorhandene Wasser nach Rücksichten der Billigkeit zu verteilen ist, wird übersehen, daß die Behörde, wie bereits oben näher dargelegt, die Vorzugstellung der Stadt in zweifelsfreier Weise annehmen konnte, weshalb sie auch der Aufgabe enthoben war, die Erlassung einer Billigkeitsentscheidung in Erwägung zu ziehen."

Nr. 13: zu § 17 WRG.

VwGH. Erk. v. 11. Februar 1954, Zl. 2295/52, Abweisung einer Beschwerde gegen einen Berufungsbescheid des BM. f. L. u. F.:

Die Bestimmung bezüglich der Vorzugstellung eines Entwurfes, der dem öffentlichen Interesse besser dient, ist ein unbestimmter gesetzlicher Ausdruck, der von der Behörde unter Bedachtnahme auf den Sinn des Gesetzes und auf die besonderen Verhältnisse des jeweiligen Falles näher abzugrenzen ist.

Die Wasserrechtsbehörde hatte dem Entwurf der Elektrobaugemeinschaft zur Errichtung eines Kleinkraftwerkes im Widerstreit mit dem vom beschwerdeführenden Elektrizitätswerksbesitzer vorgelegten Entwurf eines Ausbaues seines bestehenden Kraftwerkes den Vorzug zuerkannt. Der

Entwurf der Nachbarschaft diene der Versorgung von bergbäuerlichen Betrieben mit Licht und Kraftstrom, und zwar ausschließlich für den Eigenbedarf; hingegen sei beim Beschwerdeführer die Versorgung der anderen Ortsbewohner durch die Bedürfnisse des eigenen gewerblichen Betriebes ständig eingeschränkt. Ferner könne das Projekt der Nachbarschaft ohne Inanspruchnahme von Zwangsrechten durchgeführt werden, während das Krafthaus des Beschwerdeführers auf fremdem Grund erbaut werden müßte, dessen freiwillige Überlassung abgelehnt wird.

„Wie der Verwaltungsgerichtshof bereits in seinem Erkenntnis vom 23. Oktober 1953, Zl. 745/52*, näher dargelegt und begründet hat, handelt es sich bei der Bestimmung des Gesetzes bezüglich der Vorzugstellung eines Entwurfes, der dem öffentlichen Interesse besser dient, um einen unbestimmten gesetzlichen Ausdruck, der von der Behörde unter Bedachtnahme auf den Sinn des Gesetzes und auf die besonderen Verhältnisse des jeweiligen Falles näher abzugrenzen ist. Die belangte Behörde hat sich auf den Standpunkt gestellt, daß das Projekt der Nachbarschaft deshalb besser dem öffentlichen Interesse diene als das des Beschwerdeführers, weil ersteres unmittelbar der interessierten Personengemeinschaft zugute kommt, das des Beschwerdeführers hingegen nur mittelbar, nämlich soweit er die für den eigenen Betriebsbedarf nicht benötigte elektrische Energie an die Mitbewohner des Versorgungsgebietes abgibt. Die Höherwertung des genossenschaftlichen Momentes gegenüber dem privaten bedeutet jedenfalls ein Urteil, das die Frage, in welcher Weise dem öffentlichen Interesse eines kleineren Siedlungsgebietes, in dem die Bewohner auf gegenseitige Rücksichtnahme und Aushilfe angewiesen sind, besser gedient wird, logisch einwandfrei zu lösen vermag. Daß die Behörde bei diesem Gedankengang etwa von unrichtigen Voraussetzungen ausgegangen ist, konnte nicht angenommen werden. Aus den Akten des Verwaltungsverfahrens geht hervor, daß das Projekt der Nachbarschaft in erster Linie deshalb eingebracht wurde, um die Nachbarschaft bezüglich der Energieversorgung vom Beschwerdeführer unabhängig zu machen. Die vom Beschwerdeführer in der Frage des öffentlichen Interesses vorgebrachten Umstände waren nicht geeignet, die von der Behörde vorgenommene Abschätzung der vorliegenden Interessen als verfehlt hinzustellen. Bei diesem Vorbringen handelt es sich vor allem um Argumente, die die Unzweckmäßigkeit des Projektes der Nachbarschaft, die schädlichen Auswirkungen dieses Projektes auf das Unternehmen des Beschwerdeführers und gewisse technische — allerdings nicht unabwendbare — Schwierigkeiten dartun sollten. Ein solches Vorbringen könnte aber nur dann zu einem anderen Gesichtspunkt in der Frage des öffentlichen Interesses führen, wenn es aufzeigte, daß an dem Unternehmen des Beschwerdeführers derartige öffentliche Interessen bestehen, daß genossenschaftliche Interessen jedenfalls zurückzutreten hätten. Dies ist jedoch vom Beschwerdeführer, der in erster Linie seine persönliche wirtschaftliche Benachteiligung geltend macht, nicht behauptet worden. Da auch die von ihm behaupteten Verfahrensmängel mit diesen meritorischen

---

* Siehe Nr. 12.

Fragen im Zusammenhang stehen, konnten sie als unwesentlich außer Betracht bleiben."

Nr. 14: zu § 19 WRG.

Berufungsentscheidung des BM. f. L. u. F. v. 27. März 1957, Zl. 98085/1—89124/56:

Ein Mitbenutzungsrecht nach § 19 kann nur an einem „Wasserbenutzungsrecht" eingeräumt werden.

„Die Absicht des Gesetzgebers bei Schaffung des § 19 WRG. war es, denjenigen, der durch die V e r l e i h u n g   e i n e s   W a s s e r b e n u t z u n g s r e c h t e s bevorzugt wird, dazu zu verhalten, gegebenenfalls im Interesse der Allgemeinheit gewisse Beschränkungen hinzunehmen. Denn die Ausschließung anderer ist im Gegensatz zum privatrechtlichen Begriff des Eigentums niemals Zweck (höchstens natürliche Folge) der wasserrechtlichen Verleihung. § 19 Abs. 1 WRG. spricht davon, daß ‚der Berechtigte' verhalten werden kann, die Mitbenutzung zu gestatten, wenn er hiedurch in der Ausübung des ihm zustehenden ‚Wasserbenutzungsrechtes' nicht erheblich beeinträchtigt wird. Ein Bescheid, in dem jemand zur Gestattung eines Mitbenutzungsrechtes verpflichtet wird, kann sich daher nur an einen Wasserberechtigten richten.

Die Anwendung des § 19 WRG. setzt somit nach Sinn und Wortlaut dieser Bestimmung ein dem Berechtigten von der Behörde verliehenes ‚Wasserbenutzungsrecht' voraus. Im vorliegenden Falle handelt es sich jedoch nach der Aktenlage unbestritten um eine   p r i v a t e   Wasserleitung, hinsichtlich derer eine ö f f e n t l i c h - r e c h t l i c h e   R e c h t s - v e r l e i h u n g — die gemäß § 9 Abs. 2 WRG. auch denkbar wäre — nicht vorliegt.

Zum Erwerb von Nutzungsrechten Dritter an einem Privatgewässer bedarf es aber entweder der Zustimmung des Eigentümers oder — abgesehen von besonderen Rechtstiteln — der Einräumung von Zwangsrechten im Sinne der §§ 47 ff. WRG. (§ 5 Abs. 2 WRG.). Das Mitbenutzungsrecht nach § 19 ist kein Zwangsrecht in diesem Sinn und kann daher hier mangels einer wasserrechtlichen Rechtsverleihung an den zu Belastenden überhaupt nicht zur Anwendung kommen."

Nr. 15: zu § 22 WRG.

Berufungsentscheidung des BM. f. L. u. F. v. 6. März 1956, Zl. 97695/1—27454/56:

Im Sinne des § 22 WRG. ist die Befristung einer Bewilligung für eine geänderte Anlage, für die ein unbefristetes Wasserrecht aus der Zeit vor 1934 besteht, dann auszusprechen, wenn durch die Änderung der Anlage eine wesentliche Änderung des verliehenen Rechtes eintritt.

„Nach Prüfung der Sachlage ist im vorliegenden Fall das Wasser-

recht sowohl hinsichtlich der Wassermenge (von 500 auf 650 l/s) als auch
der Gefällshöhe (von 5 auf 22 m) wesentlich gegenüber seinem bisherigen
Umfang geändert und auch mit einer anderen Liegenschaft als bisher
verbunden worden. Dies kommt der Verleihung eines neuen Wasserrechtes gleich."

Nr. 16: zu §§ 22 und 121 WRG.

Berufungsentscheidung des BM. f. L. u. F. v. 12. November 1956,
Zl. 97645/1 — 73129/55:

*Gegen die Abwassereinbringung über den Konsens hinaus ist nicht mehr
vom Vorbehalt der Vorschreibung zusätzlicher Maßnahmen (§ 22), sondern
von den Bestimmungen der §§ 9 bzw. 121 Gebrauch zu machen.*

„Auf Grund eines Vorbehaltes nach § 22 WRG. können dann zusätzliche Maßnahmen vorgeschrieben werden, wenn Anlage sowie Menge und
Beschaffenheit der Abwässer dem Konsens entsprechen, die Abwässer aber
dennoch fremden Rechten oder öffentlichen Interessen nachteilig sind.
In einem solchen Auftrag kann die Behörde dem Wasserberechtigten
konkrete Maßnahmen zur Beseitigung nachteiliger Beeinflussungen vor-
schreiben, wie dies auch im angefochtenen Bescheid erfolgt ist. Aus dem
Gutachten geht jedoch hervor, daß die in der gegenständlichen Kläranlage
zu reinigenden Betriebsabwässer doppelt so groß sind als im bewilligten
Projekt angegeben ist, da die Spülwassermengen mehr als das Zweifache
der im Projekt in Rechnung gestellten Mengen betragen. Die Einleitung
der zusätzlichen Abwassermenge ist somit durch die Bewilligung nicht
gedeckt und stellt im Hinblick auf die Bestimmungen des § 9 eine eigenmächtig vorgenommene Neuerung im Sinne des § 121 WRG. dar. Nach
der letzteren Gesetzesstelle hat die Behörde im vorliegenden Fall eine
angemessene Frist zu bestimmen, innerhalb welcher um die wasserrechtliche Bewilligung anzusuchen ist oder die Abwässer auf die bewilligte
Menge zu reduzieren sind. Vorschreibungen über die Gestaltung des
Projektes finden in diesem Stadium des Verfahrens wohl keine rechtliche
Deckung. Erst im Bewilligungsverfahren ist nach Klarstellung des Sachverhaltes, insbesondere der Niedrigstwasserführung im Vorfluter, die
rechtliche Grundlage für Bedingungen, wie sie im angefochtenen Bescheid
enthalten sind, gegeben.

Zum Berufungsvorbringen, daß die Kosten für eine Vergrößerung
der Kläranlage nicht aufgebracht werden können, wird bemerkt, daß
grundsätzlich eine den gesetzlichen Forderungen entsprechende Abwasserbeseitigung zu einem ordentlich geführten Betrieb gehört, da Anlagen
zur entsprechenden Reinigung der Abwässer wesentliche Bestandteile der
Betriebsstätte sind."

Nr. 17: zu § 23 WRG.

Berufungsentscheidung des BM. f. L. u. F. v. 6. Februar 1956,
Zl. 97650/1 — 75626/55:

Die Übernahme der Wasserversorgung einer Wasserleitungsgemeinschaft durch die Gemeinde ist an sich nicht Gegenstand einer wasserrechtlichen Bewilligung.

„Nach der Aktenlage handelt es sich um den Anschluß der Wasserleitungsgemeinschaft an das Leitungsnetz der Stadt, der im Zusammenhang mit der Entwässerung der Parzelle 164 erfolgen soll. Dieser Anschluß mit der Übernahme der Wasserversorgung für die Wasserleitungsgemeinschaft durch die Stadtgemeinde bestimmt sich nun zunächst nach dem Kärntner L a n d e s g c s e t z vom 28. November 1909, LGBl. Nr. 29, bzw. nach der bestehenden Wasserleitungsordnung der Stadt. Hingegen bedarf einer w a s s e r r e c h t l i c h e n B e w i l l i g u n g die in diesem Zusammenhange beabsichtigte Erweiterung der städtischen Wasserversorgungsanlage, insbesondere durch Fassung der Quellen, Errichtung der Quellstube und des Behälters.

Die Übernahme einer Wasserversorgung an sich ist nicht Gegenstand einer wasserrechtlichen Bewilligung. Wieweit bisher im Sinne des § 23 WRG. ein Recht der Wasserleitungsgemeinschaft bestanden hat und diesfalls die Bestimmungen der §§ 28 und 23 WRG. über das Erlöschen (Verzicht) bzw. die Anzeigepflicht für die Übertragung der bisherigen Anlage auf die Stadtgemeinde in Frage kommen, wäre noch zu prüfen.

Da es sich um eine Gemeindewasserleitung handelt, ist die Festsetzung des Beitragsschlüssels nicht Gegenstand einer wasserrechtlichen Entscheidung."

Nr. 18: zu §§ 23 und 9 WRG.

Berufungsentscheidung des BM. f. L. u. F. v. 23. Mai 1956, Zl. 97476/3 — 38474/56:

Wasserberechtigt ist, wem das Recht verliehen wurde, nicht wer die Anlage faktisch baut und betreibt. Das Verhältnis zwischen der wasserberechtigten Gemeinde und ihren Wasserbeziehern unterliegt den gemeinderechtlichen Vorschriften.

Nr. 19: zu § 27 WRG.

Berufungsentscheidung des BM. f. L. u. F. v. 20. Dezember 1955,
Zl. 96113/310 — 20336/55:

Schadenersatzansprüche sind beim ordentlichen Gericht geltend zu machen.

Der Besitzer B. hat beim Amt der Landesregierung den Antrag gestellt, die Kraftwerke A. G. zu verpflichten, entweder sein Haus zu kaufen oder ihm als Entschädigung einen entsprechenden Grund eigentümlich zu überlassen. Er begründete diesen Antrag damit, daß er durch das Hochwasser, und zwar durch den vom Stauwerk verursachten Wellenschlag, schwer geschädigt worden sei.

„Im Wasserrechtsgesetz ist die Behandlung von Schadensfällen grundsätzlich so geregelt, daß die Wasserrechtsbehörde für Entschädigungen und das ordentliche Gericht für Schadenersatz zuständig ist. Hiebei ist unter Entschädigung die Abgeltung jener vermögensrechtlichen Nachteile zu verstehen, die nach fachmännischer Voraussicht durch eine beabsichtigte Wasserbenutzung an einem wasserrechtlich geschützten Recht in Zukunft eintreten werden oder für die das Wasserrechtsgesetz ausdrücklich einen Entschädigungstitel einräumt. Unter Schadenersatz versteht das Wasserrechtsgesetz die Vergütung von Schäden, die als Folge einer bereits vollzogenen Maßnahme eingetreten sind.

Im gegenständlichen Falle handelt es sich eindeutig um einen Schadenersatz, der gemäß § 27 Abs. 7 WRG. beim ordentlichen Gericht geltend zu machen ist. Der Berufung mußte daher aus den Gründen der zwingenden Zuständigkeitsbestimmungen der Erfolg versagt bleiben.

Die Feststellung des angefochtenen Bescheides, daß die nachteilige Wirkung auf das Grundeigentum des Berufungswerbers durch höhere Gewalt verursacht wurde und somit die Kraftwerke A. G. zum Ersatz des Schadens nicht verpflichtet sei, ist jedoch gesetzwidrig, da die Entscheidung über diese Frage in die Zuständigkeit des ordentlichen Gerichtes fällt."

Nr. 20: zu §§ 27 und 99 WRG.

Berufungsentscheidung des BM. f. L. u. F. v. 5. September 1957,
Zl. 98178/1 — 66368/57:

Tritt, nachdem die Entschädigung für einen vorgesehenen Schaden von der Wasserrechtsbehörde geregelt wurde, wider Erwarten ein weiterer Schaden ein, ist der daraus abgeleitete Schadenersatzanspruch bei Gericht geltend zu machen.

„Gemäß § 12 Abs. 4 WRG. ist dem Grundeigentümer für die mit einer geplanten Wasserbenutzungsanlage verbundene Änderung des Grundwasserstandes eine angemessene Entschädigung gemäß § 99 WRG. v o n d e r W a s s e r r e c h t s b e h ö r d e zuzusprechen, wenn nach f a c h m ä n n i s c h e r V o r a u s s i c h t eine Verschlechterung in der Bodenbeschaffenheit eintreten wird. Dagegen haftet nach § 27 Abs. 2 WRG. der Wasserberechtigte für den Ersatz des Schadens, der durch den rechtmäßigen Bestand oder Betrieb seiner Wasserbenutzungsanlage an einer Liegenschaft oder einem Bauwerke eintritt, wenn bei Erteilung der Bewilligung mit dem Eintritte dieser nachteiligen Wirkungen überhaupt nicht oder nur in einem geringeren Umfange gerechnet worden ist; der auf dieser Bestimmung beruhende Schadenersatzanspruch ist nach § 27 Abs. 7 WRG. im ordentlichen Rechtswege geltend zu machen, außer die Wasserrechtsbehörde hat sich gemäß § 99 Abs. 1 WRG. die Nachprüfung und anderweitige Festsetzung einer anläßlich der Bewilligung zugesprochenen Entschädigung für die voraussichtlich eintretenden Nachteile v o r b e h a l t e n.

Es ist daher zwischen dem **vorhergesehenen** (Entschädigung) und dem **wider Erwarten eingetretenen Schaden** (Schadenersatz) zu unterscheiden. Ein wider Erwarten eingetretener Schaden ist ebenso wie ein Schaden aus Verschulden, der hier auch behauptet wird, vor dem ordentlichen Gericht geltend zu machen.

Nun hat im vorliegenden Fall die Behörde zwar im Bewilligungsbescheid mit dem Eintritt eines Schadens gerechnet, diesen Schaden im Überprüfungsverfahren festgestellt und das über die Entschädigungsleistung zwischen den Geschädigten und der Stadtgemeinde zustandegekommene Übereinkommen im Überprüfungsbescheid beurkundet. Darüber hinaus wurde aber damals nach der Aktenlage weder von ihr noch von den Parteien mit einem weiteren Schaden gerechnet. Das verwaltungsbehördliche (Entschädigungs-) Verfahren ist demnach als **abgeschlossen** anzusehen.

Somit ist die Wasserrechtsbehörde zur Entscheidung über den geltend gemachten weiteren Schadenersatzanspruch nicht mehr zuständig."

Nr. 21: zu § 27 WRG.

Entscheidung des OGH. v. 13. November 1952, 3 Ob 687/52, Slg. Nr. 303:

§ 27 WRG. stellt auch für eigenmächtig errichtete Wasserbenützungsanlagen keine besondere Schadenshaftung auf. In allen drei Fällen des § 1311 ABGB. wird die Haftung aufgehoben, wenn der Schade, wenngleich auf anderem Wege und in anderer Weise, auch sonst eingetreten wäre; die Beweispflicht hiefür obliegt dem Schädiger.

Der Kläger begehrt die Verurteilung der beiden Beklagten zur ungeteilten Hand zur Bezahlung eines Betrages von 45.900 S aus dem Rechtsgrunde des Schadenersatzes mit der Begründung, der Erstbeklagte, der auf einem der Zweitbeklagten gehörigen Grundstücke eine Gärtnerei und eine Baumschule betreibe, habe eigenmächtig und ohne Erlaubnis der Wasserrechtsbehörde in den Jahren 1942 und 1949 den an das Grundstück angrenzenden Damm des Baches durchstoßen und zwei künstliche Wassergerinne zum Zwecke der besseren Wasserversorgung und laufenden Bewässerung seines Betriebes geschaffen, indem er Rohrleitungen zur Bachsohle legte, ohne den Damm wieder zu befestigen. Am 26. November 1949 habe der Bach Hochwasser geführt, an der vom Beklagten vorgenommenen Zuschüttung des Dammes den Damm durchbrochen und das bachabwärts gelegene Grundstück des Klägers, auf dem dieser eine Baumschule und Gärtnerei betreibt, überschwemmt, wodurch dem Kläger die in der Klage näher bezeichneten Schäden entstanden seien. Der Erstbeklagte sei deshalb auch der Übertretung nach § 120 WRG. schuldig erkannt worden.

„Beide Vorinstanzen haben festgestellt, daß zwar der vom Erstbeklagten vorgenommene Einbau der Wasserleitung die Ursache des Dammbruches an dieser Stelle gewesen sein könne, daß sich dies aber nicht mit hundertprozentiger Sicherheit ersehen lasse, zumal auch zahlreiche andere Möglichkeiten bestünden, die den Dammbruch verursacht haben könnten, wie die Gänge von Wühltieren, die Schädigung der Sielhaut durch die vom Wind verursachten Bewegungen des Wurzelwerkes größerer Gewächse und die damit einhergehende Lockerung des Erdreiches, die Schädigung der Sielhaut durch anstoßende, vom reißenden Hochwasser mitgeschleppte Holzstücke größeren Ausmaßes und dergleichen. Diese Feststellungen finden ihre Grundlage in den Gutachten der vernommenen Sachverständigen und es kann daher von einem Widerspruch ebensowenig die Rede sein, wie von einem Verfahrensmangel.

Es beruht aber auch die Feststellung des Berufungsgerichtes, daß auch ohne die vom Erstbeklagten vorgenommene Durchbohrung des Dammes und Anlegung von Rohrleitungen der Damm an derselben Stelle geborsten und mit einer an Sicherheit grenzenden Wahrscheinlichkeit durch das austretende Wasser am Grundstück des Klägers zumindest die gleichen Schäden eingetreten wären, nicht auf einem mangelhaften Verfahren.

Aus dem Revisionsgrunde der unrichtigen rechtlichen Beurteilung bekämpfte die Revision die Rechtsansicht der Vorinstanzen, daß eine Haftung nach § 1311 ABGB. nicht bestehe, wenn der Schaden auch ohne die vom Beklagten vorgenommene Durchbrechung des Dammes und Anlegung von Rohrleitungen eingetreten wäre, mit der Behauptung, daß nach dem Grundsatz der konkurrierenden Verursachung die Haftung auch dann nicht aufgehoben werde, wenn der Schaden auch durch ein anderes Ereignis eingetreten wäre, und daß dies jedenfalls dann der Fall sei, wenn das andere Ereignis gar nicht eingetreten, sondern nur die Behauptung aufgestellt worden sei, dieses Ereignis wäre auch dann eingetreten, wenn der schuldbare Tatbestand vom Haftpflichtigen nicht gesetzt worden wäre. Sie stützt sich zur Begründung ihres Schadenersatzanspruches neuerlich auch auf die Bestimmung des § 27 WRG., die eine Erfolgshaftung statuiere.

Auch in dieser Richtung kommt der Revision keine Berechtigung zu.

Die Untergerichte haben festgestellt, es sei nicht mit Sicherheit erwiesen, daß der dem Kläger verursachte Schaden dadurch entstanden sei, daß der Erstbeklagte den Damm durchbohrt und Rohrleitungen gelegt habe, daß vielmehr auch andere Gründe für das Bersten des Dammes und die Überschwemmung des Grundstückes des Klägers herangezogen werden könnten. Es ist daher nicht festgestellt, daß eine widerrechtliche Handlung des Erstbeklagten den Schaden wirklich verursacht hat. Nur im letzteren Falle könnte aber eine konkurrierende Verursachung die Haftung des Erstbeklagten nach § 1295 ABGB. nicht aufheben. Da aber das schädigende Ereignis im vorliegenden Fall ein Naturereignis, nämlich das Hochwasser, somit einen Zufall darstellt, kommt für die Haftung des Erstbeklagten nur die Bestimmung des § 1311 ABGB. in Betracht, die eine Schadenersatzpflicht für verschuldeten Zufall dann vorsieht, wenn jemand den eingetretenen Zufall durch ein Verschulden veranlaßt, ein Gesetz, das den zufälligen Beschädigungen vorzubeugen sucht, übertreten oder sich ohne Not in fremdes Geschäft gemengt hat, sofern der Schaden a u ß e r d e m nicht eingetreten wäre. Wenn nun auch in dem Falle, als ein Schutzgesetz übertreten wurde, das zufälligen Beschädigungen vorzubeugen sucht, keine Notwendigkeit besteht, die Unfallskausalität mit voller Strenge nachzuweisen, vielmehr derjenige, der das Schutzgesetz übertreten hat, für jeden Schaden haftet, dem das Schutzgesetz vorzubeugen sucht (*Klang*, Kommentar 1. Aufl. zu § 1311 ABGB., S. 81; *Ehrenzweig*, Obligationenrecht 1928, S. 43, Anm. 33; GIUNF. 7260, SZ. V/267; 2 Ob 535/50; 2 Ob 819/50; 3 Ob 701/50 u. a. m.), so besteht doch in allen drei Fällen des § 1311 ABGB. eine Einschränkung der Haftung dadurch, daß sie auf jeden Fall entfällt, wenn der Schaden, wenngleich auf anderem Wege und in anderer Weise, auch sonst eingetreten wäre; die Beweispflicht dafür, daß der Schaden auch ohne das rechtswidrige Verhalten eingetreten wäre, obliegt dem Schädiger (*Klang*, Kommentar 2. Aufl., zu § 1311 ABGB., S. 84; *Ehrenzweig*, Obligationenrecht 1928, S. 46; GIU 10166; GIUNF. 2048, 7260; JBl. 1930, S. 478). Nun haben aber beide Untergerichte festgestellt, daß der Erstbeklagte diesen Beweis erbracht hat, indem sie auf Grund des Sachverständigengutachtens im Zusammenhalt mit anderen Ergebnissen des Beweisverfahrens angenommen haben, daß auch ohne die vom Erstbeklagten vorgenommene rechtswidrige Handlung der Durchbruch des Dammes und der entstandene Schaden durch das Hochwasser eingetreten wäre. Es liegt daher entgegen der Meinung der Revision nicht bloß eine Behauptung der Beklagten, sondern auch der Beweis dafür vor, daß der Schaden auch a u ß e r d e m erfolgt wäre. Es haben deshalb die Untergerichte ohne Rechtsirrtum angenommen, daß eine Haftung nach § 1311 ABGB. nicht besteht, da der dem Kläger entstandene Schaden auch ohne die rechtswidrige Handlung des Erstbeklagten eingetreten wäre.

Es trifft den Erstbeklagten aber auch keine besondere Haftung nach § 27 WRG. Abgesehen davon, daß sich die Bestimmungen des § 27 WRG. nach dem klaren und eindeutigen Wortlaut dieser Gesetzesstelle nur auf solche Schäden beziehen, die aus dem Bestand oder Betrieb einer Wasserbenützungsanlage entstanden sind, die Untergerichte aber nicht als bewiesen angenommen haben, daß die dem Kläger entstandenen Schäden mit Sicherheit auf den Bestand oder Betrieb der Wasserbenützungsanlage des Erstbeklagten zurückzuführen sind, hat nur die Bestimmung des ersten Absatzes des § 27 WRG. auf eigenmächtig angebrachte Wasserbenützungsanlagen Anwendung zu finden, während die übrigen Bestimmungen nur für solche Wasserbenützungsanlagen gelten, die r e c h t m ä ß i g bestehen, also von der Wasserrechtsbehörde g e n e h m i g t wurden (*Haager-Vanderhaag*, Kommentar zum Wasserrechtsgesetz, S. 253; *Hartig*, Das Österreichische Wasserrecht, S. 80, Anm. 6), wobei auch in diesen Fällen gemäß Abs. 4 die Haftung für höhere Gewalt ausgeschlossen wird. Aus der Bestimmung des § 27 WRG. ergibt sich somit lediglich, daß für die Frage der Schadenersatzpflicht des Erstbeklagten

nur die Vorschriften des 30. Hauptstückes des II. Teiles des ABGB. zur
Anwendung zu kommen haben. Da aber, wie erörtert, eine Haftung nur
nach § 1311 ABGB. in Betracht kommt, die sich aus dieser Gesetzesstelle
ergebende Schadenersatzpflicht aber aus den bereits angeführten Gründen
im vorliegenden Falle aufgehoben ist, weil der Schaden auch ohne die
rechtswidrige Handlung des Erstbeklagten eingetreten wäre, fehlt dem
geltend gemachten Schadenersatzanspruch die gesetzliche Grundlage, weshalb der Revision der Erfolg versagt bleiben mußte."

Nr. 22: zu §§ 28 und 29 WRG.

VwGH. Erk. v. 26. November 1953, Zl. 1395/52, Abweisung einer Beschwerde
gegen einen Berufungsbescheid des BM. f. L. u. F.:

*Die Bestimmungen der 2. Kriegsmaßnahmenverordnung, DRGBl. I S. 229,
1944, über die Hemmung des Fristablaufes haben für das öffentliche Recht
keine unmittelbare Geltung. Eine Anzeige nach § 29 Abs. 1 WRG. muß
innerhalb der Frist des § 28 Abs. 1 lit. g WRG. erfolgen.*

„Zunächst war der Einwand des Beschwerdeführers zu untersuchen,
daß der Beginn und der Lauf der im § 28 Abs. 1 lit. g WRG. vorgesehenen dreijährigen Frist gemäß § 1496 ABGB. bzw. den §§ 32 bis 34
der 2. Kriegsmaßnahmenverordnung, DRGBl. I S. 229/1944, unter Anwendung allgemeiner Rechtsgrundsätze infolge der Einziehung des Beschwerdeführers zur Kriegsdienstleistung gehemmt gewesen sei. Dieser
Einwand ist abwegig, weil es sich bei den vom Beschwerdeführer herangezogenen Normen über die Verjährung um Bestimmungen des bürger-
lichen Rechtes handelt, die für das öffentliche Recht keine unmittelbare
Geltung haben und auch nicht als allgemeine Rechtsgrundsätze anzu-
erkennen sind (vgl. hiezu u. a. das hg. Erkenntnis vom 28. November
1951, Slg. Nr. 2342/A). Bezüglich der Frage der Fristberechnung ist die
Behörde, wie aus der gemäß § 42 AVG. erlassenen Kundmachung über
die Anberaumung einer mündlichen Verhandlung hervorgeht, davon
ausgegangen, daß die Unterbrechung der Wasserbenützung seit dem
Jahre 1940 bestanden habe. Der Beschwerdeführer hat diese Feststellung
weder in der Verhandlung vom 19. April 1951 noch in der Berufungs-
schrift bestritten — er hat übrigens auch nicht den Antrag auf Erstreckung
der Frist gemäß § 28 Abs. 2 WRG. gestellt —, er kann somit diese Feststellung gemäß § 41 Abs. 1 VwGG. in der vorliegenden Beschwerde
nicht mehr wirksam bekämpfen. Der Beschwerdeführer wendet weiters
ein, daß der Lauf der Frist gemäß § 29 Abs. 1 WRG. durch die Anzeige
seiner Absicht, die zerstörte Wasserbenützungsanlage wieder herzustellen,
gehemmt worden sei, wobei er sich auf den Standpunkt stellt, daß er
bei einer Verhandlung am 27. Oktober 1948 eine derartige Anzeige
tatsächlich erstattet habe. Selbst wenn man die damalige unbestimmte

Erklärung des Beschwerdeführers, die Wasserkraftanlage wieder in Betrieb nehmen zu wollen, sobald der Durchbruch des Baches in den Umleitungsgraben behoben worden sei, als eine solche Anzeige auffassen wollte, erweist sich der gegenständliche Einwand des Beschwerdeführers aus dem Grunde verfehlt, weil in der erwähnten Bestimmung des § 29 Abs. 1 WRG. normiert ist, daß die Anzeige innerhalb der Frist des § 28 Abs. 1 lit. g zu erfolgen habe. Diese Frist hat der Beschwerdeführer jedenfalls nicht eingehalten, da die Unterbrechung der Wasserbenützung, wie oben dargelegt, von der Behörde mit Recht als seit dem Jahre 1940 bestehend angenommen und die fragliche Anzeige erst im Jahre 1948 erstattet worden ist."

<h3 style="text-align:center">Nr. 23: zu § 30 WRG.</h3>

VwGH. Beschluß v. 11. Oktober 1956, Zl. 89/53, Slg. N. F. Nr. 4163 (A), Zurückweisung einer Beschwerde gegen einen Berufungsbescheid des BM. f. L. u. F.:

Mit dem Verkauf der Liegenschaft, mit dem ein Wasserbenutzungsrecht verbunden war, geht auch der Anspruch auf Parteistellung im Löschungsverfahren verloren.

„Nach § 30 Abs. 1 WRG. hat die zur Bewilligung zuständige Wasserrechtsbehörde den Fall des Erlöschens eines Wasserbenutzungsrechtes festzutellen und hiebei auszusprechen, ob und inwieweit der bisher Berechtigte aus öffentlichen Rücksichten, im Interesse anderer Wasserberechtigter oder in dem der Anrainer binnen einer von der Behörde festzusetzenden, angemessenen Frist seine Anlagen zu beseitigen, den früheren Wasserlauf wieder herzustellen oder in welcher anderen Art er die durch die Überlassung notwendig werdenden Vorkehrungen zu treffen hat. Aus dieser gesetzlichen Bestimmung ergibt sich, daß in einem Verfahren, betreffend die Feststellung des Erlöschens eines Wasserbenutzungsrechtes, der bisher Berechtigte, andere interessierte Wasserberechtigte und die Anrainer Parteien des Verwaltungsverfahrens sind. Nach § 23 Abs. 1 WRG. sind die Bewilligungen zur Wasserbenutzung mit nicht ortsfesten Wasserbenutzungsanlagen auf die Person des Bewilligungswerbers beschränkt; alle übrigen Wasserbenutzungsrechte stehen dem jeweiligen Eigentümer der Betriebsanlage oder Liegenschaft zu, mit der sie verbunden sind. Daraus folgt, daß bei ortsfesten Wasserbenutzungsanlagen nur der Eigentümer der Betriebsanlage oder der Liegenschaft, bei nicht ortsfesten Wasserbenutzungsanlagen nur der Bewilligungswerber Berechtigter im Sinne des § 30 Abs. 1 WRG. sein kann. Die Beschwerdeführerin behauptet nun selbst nicht, Bewilligungswerber oder Eigentümer der Betriebsanlage oder der Liegenschaft zu sein, mit der die Wasserbenutzungsanlagen verbunden waren. Sie will ihre Berechtigung und damit ihre Parteistellung im wasserrechtlichen Verfahren vielmehr lediglich aus der Erbfolge oder aus Verträgen ableiten. Mit diesem Vorbringen ist für die Beschwerdeführerin indes nichts gewonnen. Denn selbst dann, wenn ihr das gegenständliche Wasserbenutzungsrecht auf Grund einer der angeführten Rechtstitel früher zugestanden wäre, ist es durch den Verkauf der Liegenschaft sowohl nach den bis zum Jahre 1934 in Geltung gestandenen wasserrechtlichen Vorschriften (vgl. diesfalls § 25 RWG. 1869 in der zuletzt wirksam gewesenen Fassung und § 25 des Wasserrechtsgesetzes für das Land Salzburg, LG. u. VBl. Nr. 32/1870) als auch nach dem derzeit geltenden Wasserrechtsgesetz auf den Käufer übergegangen. Fehlte es der Beschwerdeführerin sonach in dem mit Bescheid der Erstbehörde vom 26. April 1938 abgeschlossenen Verfahren an der erforderlichen Parteistellung, so stand ihr weder ein Recht auf Teilnahme an diesem Verfahren und auf Zustellung eines Bescheides noch das Recht zur Einbringung einer Berufung gegen den dieses Verfahren abschließenden Bescheid zu. Die Parteistellung hat die Beschwerdeführerin aber auch nicht dadurch erlangt, daß ihr eine A b s c h r i f t des Bescheides zugestellt wurde und daß die belangte Behörde ihre gegen den Bescheid eingebrachte Berufung einer sachlichen Erledigung zugeführt hat, anstatt die Berufung als unzulässig zurückzuweisen (vgl. das hg. Erkenntnis vom 13. Dezember 1929, Slg. Nr. 15.915/A). Durch diesen Berufungsbescheid kann daher die Beschwerdeführerin in einem Recht nicht verletzt sein."

Nr. 24: zu § 31 WRG.

VwGH. Erk. v. 15. Juni 1955, Zl. 3435/53, Slg. N. F. Nr. 3785 (A), Aufhebung eines Bescheides der Salzburger Landesregierung:

Die Baubehörde ist nicht berechtigt, einen von ihr erlassenen (Baubewilligungs-) Bescheid gemäß § 68 Abs. 3 AVG. abzuändern oder aufzuheben, wenn die Beseitigung des Bauwerkes aus solchen öffentlichen Rücksichten notwendig ist, zu deren Wahrnehmung andere Behörden als die Baubehörden zuständig sind und die von diesen eben genannten Behörden anzuwendenden Vorschriften Normen enthalten, die die Beseitigung eines Bauwerkes ermöglichen.

Mit Bescheid des Magistrates der Stadt S. vom 12. Februar 1952 wurde der Beschwerdeführerin gemäß § 11 der Bauordnung für das Land Salzburg die Baubewilligung für die Errichtung einer Kantinenbaracke als „Provisorium auf die Baudauer des C. R." und gemäß § 91 der gleichen Bauordnung die Benützungsbewilligung erteilt. Die Erteilung der Bewilligung als „Provisorium" wurde mit der Erwägung begründet, daß die Kantinenbaracke — baulich gesehen — nur als Provisorium betrachtet werden könne, desgleichen auch in rechtlicher Hinsicht, weil der Bauwerber nicht Grundeigentümer sei und nur einen Pachtvertrag auf zehn Jahre besitze.

Mit Bescheid des LH. von Salzburg vom 20. Oktober 1952 wurde zum Schutz der Trinkwasserversorgungsanlage des C. R. im Sinne des § 31 WRG. sowie in Durchführung der im Abschnitt I des Spruches des rechtskräftigen Bescheides vom 31. Oktober 1951 unter den Z. 3 bis 5 aufgestellten Bedingungen ein engeres und ein weiteres Brunnenschutzgebiet festgelegt. Unter Punkt 12 des Bescheides ist vorgeschrieben, daß innerhalb des engeren Schutzgebietes alle nicht zur Anlage gehörigen Baulichkeiten unverzüglich zu entfernen seien. Dies gelte insbesondere für die im Süden gelegene Kantine. Die bei dieser Kantine befindliche Senkgrube sollte nach Punkt 13 des vorangeführten Bescheides entleert, desinfiziert und sodann zugeschüttet werden. Am 3. August 1953 stellt das Amt der Salzburger Landesregierung beim Magistrat der Stadt S. den Antrag, unverzüglich alles Erforderliche zu veranlassen, damit den Punkten 12 und 13 des Bescheides vom 20. Oktober 1952 entsprochen werde. In dem bezüglichen Schreiben heißt es auch, daß die für die Kantine erteilte Baubewilligung unter Hinweis auf die rechtskräftige Vorschreibung der

„Die belangte Behörde hat die Erlassung des angefochtenen Bescheides auf die Erwägung gestützt, daß der Bestand einer die Anwendung der Vorschrift des § 68 Abs. 3 AVG. rechtfertigenden Gefahr durch den in Rechtskraft erwachsenen Bescheid des Amtes der Salzburger Landesregierung vom 20. Oktober 1952 festgestellt worden sei. Dieser Bescheid hat gewisse Vorsorge dafür getroffen, daß die Verunreinigung des Grundwassers in einem näher festgesetzten Umkreis von der Grundwassererschließungsanlage hintangehalten wird. Die belangte Behörde hatte des weiteren zur Begründung ihres Bescheides darauf hingewiesen, daß nach Punkt 12 der Vorschreibungen des genannten Bescheides der Wasserrechtsbehörde die Entfernung aller nicht zur Wasserversorgung gehörigen Baulichkeiten innerhalb des Schutzgebietes ‚verfügt wurde‘, was insbesondere auch für die im Bereiche des engeren Schutzgebietes befindliche Kantinenbaracke gelte. Der von der belangten Behörde bezogene Bescheid des Amtes der Salzburger Landesregierung gründet sich auf § 31 WRG. Diese gesetzliche Vorschrift gibt der Wasserrechtsbehörde die Möglichkeit, zum Schutz von Trink- und Nutzwasseranlagen gegen Verunreinigung durch Bescheid besondere Anordnungen über die Bewirtschaftung oder sonstige Benützung von Grundstücken unter Festsetzung einer angemessenen Entschädigung zu treffen. Der durch eine solche Anordnung Betroffene ist zufolge § 84 Abs. 1 lit. b WRG. Partei im Sinne des § 8 AVG. Ungeachtet der aus dieser Bestimmung sich ergebenden Parteistellung der Beschwerdeführerin in ihrer Eigenschaft als Pächterin des Grundes und Eigentümerin der Baulichkeit wurde, wie die Akten des Verwaltungsverfahrens zeigen, der Bescheid vom 20. Oktober 1952 der Beschwerdeführerin nicht zugestellt. Es kann daher nicht davon gesprochen werden, daß dieser Bescheid gegenüber der Beschwerdeführerin rechtswirksam und rechtskräftig geworden sei. Über den Umstand, daß der besagte Bescheid und damit die Vorschreibung, daß die Kantinenbaracke zu entfernen sei, gegenüber der Beschwerdeführerin mangels Zustellung noch nicht rechtswirksam geworden war, darf die belangte Behörde aber nicht dadurch hinwegzukommen trachten, daß sie die erteilte Baubewilligung unter Berufung auf die Bestimmung des § 68 Abs. 3 AVG. aufhebt und sodann die Abtragung und Entfernung der Baracke einschließlich der dazugehörigen Senkgrube aufträgt. Denn es sind keineswegs baupolizeiliche Belange, die die Beseitigung des Bauwerkes erforderlich machen, sondern öffentliche Rücksichten, die allein die Wasserrechtsbehörde zu vertreten hat. Sagt doch der angefochtene Bescheid in voller Deutlichkeit, daß der erstinstanzliche Bescheid nichts anderes darstelle als die aus öffentlichen Rücksichten unbedingt erforderliche Durchführung der Bestimmungen des wasserrechtlichen Bescheides vom 20. Oktober 1952. Die Beschwerdeführerin ist aus diesen Gründen vollkommen im Recht, wenn sie auf die Unzulässigkeit der Verschiebung einer nach dem wasserrechtlichen Verfahren auszutragenden Angelegenheit auf das Geleise der Baupolizei hinweist und wenn sie weiters bemängelt, daß durch dieses gesetzwidrige Vorgehen der Baubehörde ihr im Wasserrechtsgesetz wurzelnder Anspruch auf Entschädigung verlustig ging. Der Verwaltungsgerichtshof ist aus diesen Erwägungen der Auffassung, daß es Sache der Wasserrechtsbehörde, nicht aber Sache der Baupolizeibehörde sein muß, hinsichtlich von Baulichkeiten, die sich im engeren Schutzbereich einer Grundwassererschließungsanlage befinden, denjenigen Zustand herzustellen, der aus öffentlichen Rücksichten im Hinblick auf die wasserrechtliche Anordnung nach § 31 WRG. erforderlich ist. Im übrigen darf eine Aufhebung oder Abänderung eines von der Baubehörde erlassenen Bescheides auf Grund des § 68 Abs. 3 AVG. seitens der Baubehörde dann nicht verfügt werden, wenn die Beseitigung des Bauwerkes aus solchen öffentlichen Rücksichten notwendig ist, zu deren Wahrnehmung andere Behörden als die Baubehörden zuständig sind, und die von diesen eben genannten Behörden anzuwendenden Vorschriften Normen enthalten, die die Beseitigung eines Bauwerkes ermöglichen. Aus diesen Erwägungen folgt, daß die belangte Behörde die Anwendung des § 68 Abs. 3 AVG. auf öffentliche Rücksichten gestützt hatte, zu deren Wahrung sie nicht berufen war."

Nr. 25: zu § 31 WRG.

VwGH. Erk. v. 4. Oktober 1957, Zl. 106/57, Abweisung einer Beschwerde gegen einen Berufungsbescheid des BM. f. H. u. W.:

Die Wahrnehmung der öffentlichen Interessen bei einer Trinkwasserversorgungsanlage obliegt nicht der Gewerbebehörde, sondern der Wasserrechtsbehörde.

Die mitbeteiligte Partei suchte beim Amt der steiermärkischen Landesregierung um die gewerbebehördliche Genehmigung zur Errichtung einer Tankstelle mit drei unterirdischen Behältern und drei Zapfsäulen an. Gegen die Erteilung und Bestätigung der gewerberechtlichen Genehmigung haben die Städtischen Wasserwerke berufen.

„ . . . Diejenigen subjektiven öffentlichen Rechte, deren Verletzung die Genehmigung einer gewerblichen Betriebsanlage als unzulässig erscheinen lassen, können lediglich aus den Vorschriften der Gewerbeordnung (§ 25) entnommen werden. Die Wahrnehmung der öffentlichen Interessen bei einer Trinkwasserversorgungsanlage obliegt aber nicht der Gewerbebehörde; hiefür sind zufolge § 31 WRG. die Wasserrechtsbehörden zuständig. Es ist daher nicht Aufgabe der Gewerbebehörde, bei Genehmigung einer Betriebsanlage diejenigen öffentlichen Rücksichten zu wahren, deren Wahrung den Wasserrechtsbehörden obliegt (vgl. hiezu das von den gleichen Grundgedanken getragene hg. Erkenntnis vom 15. Juni 1955,

Slg. N. F. Nr. 3785/A *). Ergibt sich in einem Verfahren, betreffend die
Genehmigung einer gewerblichen Betriebsanlage, daß hiedurch die Grund-
wasserverhältnisse zum Nachteil einer Trinkwasserversorgungsanlage beeinflußt werden können, so ist die Gewerbebehörde zufolge der auch in
einem Verfahren nach § 26 GewO. sinngemäß anzuwendenden Vorschrift
des § 29 Abs. 2 GewO. verpflichtet, Vorsorge zu treffen, daß die aus
gesundheitspolizeilichen Rücksichten sowie die nach den Gesetzen über
die Benützung der Gewässer allenfalls erforderlichen Amtshandlungen
womöglich gleichzeitig mit jener über die gewerbepolizeiliche Zulässigkeit
der Betriebsanlage vorgenommen werden. Das von der belangten Behörde
für ihre abweichende Ansicht angeführte Erkenntnis des Verwaltungsgerichtshofes vom 18. Oktober 1909, Slg. Nr. 6935/A, hat lediglich ausgeführt, daß gewerbliche Anlagen, von deren Betrieb eine Verschlechterung des Grundwassers in der Nachbarschaft mittels durchsickernder
Abfallwässer zu besorgen steht, genehmigungspflichtig sind. Die Genehm-
migungspflicht der gegenständlichen Tankstelle ist im Verwaltungsverfahren niemals in Zweifel gezogen worden. Dadurch, daß die Behörde
erster Instanz und die belangte Behörde nicht Vorsorge getroffen haben,
daß die Wasserrechtsbehörde die im Interesse der Trinkwasserversorgungsanlage etwa erforderlichen Maßnahmen gleichzeitig mit der Verhandlung
über die Genehmigung der gewerblichen Betriebsanlage durchführen kann,
kann die Beschwerdeführerin als Eigentümerin der Trinkwasserversorgungsanlage in einem subjektiven öffentlichen, aus der Gewerbeordnung
erfließenden Recht nicht verletzt sein. Erachtet sich die Beschwerdeführerin durch die Errichtung und den Betrieb der Tankanlage in ihren
rechtlich geschützten Interessen verletzt, so hat sie die Angelegenheit
nicht bei der Gewerbebehörde, sondern bei der Wasserrechtsbehörde
anhängig zu machen, da zur Wahrung der öffentlichen Interessen in
Ansehung von Trinkwasserversorgungsanlagen die Wasserrechtsbehörden
zuständig sind."

Anmerkung: Dieser Rechtsansicht des VwGH. sei auch die abweichende
Auffassung der Gewerbebehörde in einer ähnlichen Entscheidung (Bescheid des
BM. f. Handel u. Wiederaufbau vom 15. März 1958, Zl. 165.109-IV-22/58) an
die Seite gestellt, die der bisherigen Rechtsanschauung, der Einheit der behördlichen Verwaltung insbesondere in den unteren Instanzen und den praktischen
Erfordernissen des Verfahrens und der Reinhaltung des Grundwassers mehr gerecht zu werden scheint:

„Gemäß § 25 der Gewerbeordnung ist die Genehmigung der Betriebsanlage
bei allen Gewerben notwendig, welche mit besonderen für den Gewerbebetrieb
angelegten Feuerstätten, Dampfmaschinen, sonstigen Motoren oder Wasserwerken
betrieben werden oder welche durch gesundheitsschädliche Einflüsse, durch die
Sicherheit bedrohende Betriebsarten, durch üblen Geruch oder durch ungewöhn-
liches Geräusch die Nachbarschaft zu gefährden oder zu belästigen geeignet sind.
Aus dieser Bestimmung ergibt sich, daß das Gesetz der Nachbarschaft zwar einen

---

* Siehe Nr. 24.

gewissen gesetzlichen Schutz gegen Beeinträchtigungen durch die Art und Weise des Betriebes gewähren wollte, daß jedoch dieser gesetzliche Schutz sowie auch die korrespondierenden subjektiven Ansprüche der Nachbarn auf diesen Schutz materiell an die Bedingung geknüpft werden, daß die Belästigung der Nachbarschaft durch Geräusch, Lärm, Erschütterungen oder üblen Geruch eine übermäßige ist. Ein unbedingter Rechtsanspruch auf Untersagung einer Anlage wegen ihrer belästigenden Wirkung besteht also nicht; denn selbst Betriebsanlagen, die gefährden oder belästigen, können genehmigt werden, wenn sich diese Einwirkungen auf die Nachbarschaft auf ein solches Maß herabsetzen lassen, daß sie nicht mehr als übermäßig bezeichnet werden können. Nähere Direktiven darüber, wie die Frage zu beantworten ist, welche Belästigung als eine ungewöhnliche betrachtet werden muß, sind im Gesetz nicht enthalten. Somit hat die Behörde gemäß § 45 Abs. 2 AVG. unter sogfältiger Berücksichtigung der Ergebnisse des Ermittlungsverfahrens nach freier Überzeugung zu beurteilen, ob eine ungewöhnliche Belästigung als erwiesen anzunehmen ist oder nicht. Der freien Beweiswürdigung unterliegt aus den gleichen Gründen auch die weitere Frage, ob und inwieweit eine konstatierte übermäßige Belästigung der Nachbarschaft durch Lärm, Erschütterungen und üblen Geruch sich durch gewisse technische und sonstige Vorkehrungen beseitigen bzw. dauernd reduzieren läßt, so daß sie dann nicht mehr als übermäßig anzusehen ist. Das Erkenntnis der VwGH. vom 18. Oktober 1909, Budw. A 6935, spricht aus, daß eine gewerbliche Anlage, von deren Betrieb eine Verschlechterung des Grundwassers in der Nachbarschaft mittels durchsickernder Abfallwässer zu besorgen steht, nach der klaren Bestimmung des Gesetzes (Gefährdung der Nachbarschaft durch gesundheitsschädliche Einflüsse) genehmigungspflichtig im Sinne des § 25 GewO. ist und daß es der Erwägung der Behörde anheimgestellt ist, ob solche Anlagen eventuell unter Eindämmung dieser Nachteile bis zur äußersten Grenze technischer Möglichkeiten gestattet werden können oder ob ihnen die Genehmigung versagt werden soll.

Gestützt auf die wiedergegebene Judikatur des VwGH. und auf seine jahrzehntelange Rechtsprechung ist das Bundesministerium in Einklang mit dem angefochtenen Bescheid der Überzeugung, daß die in Rede stehende Tankanlage im Hinblick auf die Nachbarschaft der städtischen Brunnenanlage, die aus dem Grundwasserspiegel der Umgebung gespeist wird, nach § 25 GewO. genehmigungspflichtig ist, weil die Lagerung von Treibstoff eine Verschlechterung des Grundwassers in der Nachbarschaft mittels durchsickernder Abfallwässer besorgen läßt und somit der Betrieb der Tankanlage durch gesundheitsschädliche Einflüsse (Abfallwässer) die Nachbarschaft (Brunnenanlage) zu gefährden geeignet ist.

... Im vorliegenden Falle ist die Gemeinde als Anrainer, da sie im erstinstanzlichen Verfahren rechtzeitig Einwendungen erhoben hat, gemäß § 34 GewO. zur Berufung legitimiert.

Diese Rechtsauffassung des Bundesministeriums ist allerdings nicht ganz im Einklang mit einem während der Dauer des gegenständlichen Verfahrens ergangenen Erkenntnis des VwGH. vom 4. Oktober 1957, Zl. 106/57 *, welches einen ähnlich gelagerten Rechtsfall betrifft.

Dieses Erkenntnis läßt vor allem die Anerkennung eines Rechtssatzes vermissen, an dem immer wieder vom VwGH. festgehalten worden ist, zuletzt wohl im Erkenntnis vom 30. Mai 1956, Zl. 3500/53, daß nämlich die Gewerbebehörden berechtigt und gegebenenfalls verpflichtet sind, auch Grundsätze aus fremden Rechtsgebieten (Bauordnung, Feuerpolizeiordnung, Forstgesetz u. dgl.), sofern diese den Schutz der nämlichen Interessen zum Gegenstand haben, bei Prüfung der Frage, ob im Einzelfall ein bestimmtes öffentliches Interesse gewahrt ist oder

---

* Siehe S. 35.

nicht, ihren Entscheidungen und Verfügungen zugrunde zu legen. Dieser Gedanke ist auch im folgenden Satz des Erkenntnisses des VerfGH. vom 19. März 1956, Zl. K II-2/55/21, enthalten: „Der Bundesgesetzgeber ist berechtigt, Vorschriften zu erlassen, die eine ungünstige Auswirkung des Betriebes der gewerblichen Betriebsanlage auf die Nachbarschaft und eine Gefährdung der im Betriebe beschäftigten Personen vermeiden sollen, wobei sich solche Vorschriften unter diesem Gesichtspunkt auch mit der baulichen Gestaltung der Anlage befassen können." Diese Grundsätze gelten selbstverständlich sinngemäß auch für wasserpolizeiliche Maßnahmen der Gewerbebehörde in dem Sinne, daß unter dem Gesichtspunkt des Nachbarschutzes von der Gewerbebehörde Vorsorge zu treffen ist, damit durch eine gewerbliche Anlage keine Gefährdung der Gewässer in der Nachbarschaft eintritt (z. B. Kläranlage). Wenn das WRG. in § 31 besondere Anordnungen zum Schutze von Trink- und Nutzwasserversorgungsanlagen vorsieht, so kann diese Bestimmung die Gewerbebehörde nicht von ihrer Verpflichtung befreien, ihrerseits den Schutz der Anrainer einer gewerblichen Betriebsanlage in vollem Umfang wahrzunehmen, ungeachtet dessen, daß vielleicht in einem späteren Zeitpunkt die Wasserrechtsbehörde ihrerseits noch weitergehende Anordnungen trifft (z. B. Errichtung von Schutzgebieten). Es wäre sogar sehr bedenklich und den öffentlichen Interessen äußerst abträglich, wenn im Hinblick auf die bloße Möglichkeit von Schutzmaßnahmen nach § 31 WRG., deren Realisierung bekanntlich sehr lange Zeit dauert, die Gewerbebehörde die Frage des anrainenden Grundwassers ganz außer acht lassen müßte und sich auf die ihr im Erkenntnis vom 4. Oktober 1957 zugewiesenen Aufgaben beschränken würde. Es ist auch nicht ganz verständlich, was für eine Bewandtnis es mit der im Erkenntnis vom 18. Oktober 1909 und sogar auch in dem vorerwähnten Erkenntnis vom 4. Oktober 1957 richtig aus der Grundwasserverschlechterung abgeleiteten Genehmigungspflicht haben soll, wenn sich daraus für die Gewerbebehörde nur eine Verpflichtung zur Konzentration des Verfahrens, nicht aber eine Befugnis zur Beurteilung und Entscheidung in materieller Hinsicht ergeben sollte. Das Bundesministerium vermag hierin dem zitierten Erkenntnis nicht zu folgen und konnte folgerichtig auch der Stadt nicht die Eigenschaft als Anrainer im Genehmigungsverfahren absprechen, da sie als Eigentümer der der projektierten Tankstelle benachbarten Brunnenanlage zweifellos einen subjektiv-öffentlichen Rechtsanspruch hinsichtlich der Entscheidung über die Genehmigung einer Anlage hat, durch die das Grundwasser, das die Brunnen speist, gefährdet werden kann. Diese Parteistellung der Stadt als Anrainer wird dadurch nicht berührt, daß die zu treffenden Maßnahmen überdies im öffentlichen Interesse gelegen sind. Die Gewerbebehörde erachtet sich um so mehr berufen, in diesem Falle den Nachbarschutz zu wahren, als das in Rede stehende Gelände außerhalb des gemäß § 31 WRG. angeordneten Schutzgebietes liegt und dort ungeachtet des bald drei Jahre dauernden Verfahrens bislang keine weiteren wasserrechtsbehördlichen Verfügungen zum Schutze der Trinkwasserversorgungsanlage der Stadt getroffen worden sind. Es ist aber offenkundig, daß die Verunreinigung von Grundwasser, das zur Trink- und Nutzwasserversorgung der Umgebung bestimmt ist, durch Mineralölprodukte gesundheitsgefährdend ist. Die Gewerbebehörde hat, wie oben ausgeführt, zunächst die Frage zu prüfen, ob nicht durch technische Vorkehrungen und Bedingungen die sich durch die Errichtung und den Betrieb einer Anlage ergebende Gefährdung der Nachbarschaft oder sonstiger öffentlicher Interessen beseitigt oder doch auf ein zu duldendes Maß zurückgeführt werden könne. Nach der Äußerung der gewerbetechnischen Abteilung sind im vorliegenden Fall aber Vorkehrungen und Maßnahmen möglich, um ein Einsickern von Mineralölprodukten in den Boden in solcher Menge zu verhindern, die eine Verunreinigung des Grundwassers zur Folge haben könnte. Die in dem angefochtenen Bescheid enthaltenen einschlägigen Bedingungen im Zusammenhalt mit den sich aus dem Spruch ergebenden Änderungen und Ergän-

zungen bieten nach Ansicht des Bundesministeriums für Handel und Wiederaufbau
bei ihrer Einhaltung zweifellos die Gewähr, daß eine Gefährdung der Nachbarschaft durch Verunreinigung des Grundwassers durch die Errichtung und den
Betrieb der in Rede stehenden Tankanlage nicht zu besorgen ist..."

Nr. 26: zu § 31 WRG.

Berufungsentscheidung des BM. f. L. u. F. v. 27. Juli 1955, Zl. 97623/1 — 59776/55:

Überlegungen bei Bestimmung eines Brunnenschutzgebietes.

„Für die räumliche Ausdehnung eines Brunnenschutzgebietes sind vor
allem Grundwasserstromrichtung und Grundwassergeschwindigkeit, Mäch-
tigkeit und Beschaffenheit der Bodenschichte zwischen Erdoberfläche und
oberem Grundwasserspiegel sowie Größe des Absenkungstrichters maßgebend.

Im erstinstanzlichen Verfahren wurde angenommen, daß das Grundwasser von Westen her dem Brunnen zuströmt. Angaben über Grundwassergeschwindigkeit und Absenkungstrichter fehlten überhaupt.

Nach dem vom Wasserberechtigten im Berufungsverfahren vorgelegten hydrogeologischen Gutachten wechselt die Strömungsrichtung in
diesem Bereich. Während regenarmer Jahreszeiten wird der Einfluß des
Grundwasserstromes parallel des Flusses überwiegen. Bei starker Anrei-
cherung des Bodens mit Wasser dürfte jedoch die Strömungsrichtung
zum Fluß hin verlaufen. Dementsprechend ist nach diesem Gutachten zu
rechnen, daß das Grundwasser von Süden und Südwesten in den Brunnen
einzieht. Durch Salzungsversuche wurde die Grundwassergeschwindigkeit
ermittelt.

Auf Grund dieser Angaben würde sich eine Anordnung des Schutzgebietes ergeben, die in räumlicher Hinsicht grundlegend von der im
angefochtenen Bescheid erfolgten Festsetzung abweicht. Vor allem fällt
hiernach das in südlicher und südwestlicher Richtung befindliche stark
verbaute Siedlungs- und Werksgelände der Ortschaft T. bis etwa 300 m
Entfernung vom Brunnen unter das zu schützende Gebiet. Im Hinblick
darauf ist der vorliegende Sachverhalt ergänzungsbedürftig. Insbesondere
wird zu klären sein, ob im Bereich des verbauten Gebietes durch Errichtung eines Schutzgebietes überhaupt die Trinkwasserqualität des Brunnens erreicht oder gewährleistet werden kann oder ob hiefür andere
Maßnahmen, wie Einrichtung einer Entkeimungsanlage, erforderlich sind.

Die Ermittlung der Schutzmaßnahmen wird auch ergeben, ob es
nicht wirtschaftlicher ist, an einer anderen, günstiger gelegenen Stelle
einen neuen Brunnen zu errichten. Schließlich wird auch zu überlegen
sein, ob nicht der Anschluß an die geplante zentrale Wasserleitung für
die Ortschaft T. die zweckmäßigste Lösung darstellt."

Nr. 27: zu §§ 32 und 122 WRG.

VwGH. Erk. v. 18. März 1954, Zl. 2987/52:

§ 32 enthält bloß die Festlegung von Grundsätzen für die Neuregelung des Anschluß- und Benützungszwanges bei gemeinnützigen öffentlichen Wasserversorgungsanlagen. Bis zur Erlassung der Ausführungsbestimmungen durch die Landesgesetzgebung bleiben gemäß § 122 Abs. 3 WRG. die bisherigen landesgesetzlichen Vorschriften weiter in Kraft.

„Endlich wird eingewendet, daß einzelne der von der Behörde herangezogenen Bestimmungen der gegenständlichen Wasserleitungsordnung mit § 32 WRG. unvereinbar seien. Denn diese Vorschrift habe den Anschlußzwang in Hinsicht auf vorhandene private Wasserversorgungsanlagen den gleichen Beschränkungen unterworfen, wie § 2 Abs. 1 des steiermärkischen Landesgesetzes, LGBl. Nr. 8/1932 (kurz ‚Wasserleitungsgesetz‘) und § 4 Abs. 1 bzw. Abs. 4 der Wasserleitungsordnung, die beide nicht etwa bloß die Möglichkeit einer allfälligen Befreiung von der Verpflichtung zum Anschluß an eine öffentliche Wasserleitung auf Grund eines erst einzubringenden Ansuchens vorsehen, sondern die Ausnahmen vom Anschlußzwang bereits kraft Gesetzes festlegen. Bei einer solchen bestimmten Regelung im Gesetze selbst bedeute es einen inhaltlichen Widerspruch, wenn im § 2 Abs. 4 des Wasserleitungsgesetzes und im § 5 der Wasserleitungsordnung die einschränkende Anordnung getroffen werde, daß die ohnehin schon gesetzlich normierten Ausnahmetatbestände zu ihrer Verwirklichung noch einer dem Ermessen der Gemeinde anheimgestellten besonderen Bewilligung bedürfen. Die Beschwerdeführer beantragen deshalb, die Bestimmung des § 5 der Wasserleitungsordnung und ihre Grundlage, § 2 Abs. 4 des Wasserleitungsgesetzes, einer Überprüfung durch den Verfassungsgerichtshof zuführen zu lassen. Hiezu sei vorweg bemerkt, daß der Verwaltungsgerichtshof auf diese Anregung der Beschwerdeführer schon deshalb nicht eingehen konnte, weil er die von ihnen zur Begründung eines derartigen Überprüfungsantrages vorgebrachten verfassungsrechtlichen Bedenken keineswegs zu teilen vermochte. Was zunächst die angebliche Unvereinbarkeit des § 2 Abs. 4 des Wasserleitungsgesetzes bzw. des ihm zugrunde liegenden § 5 der Wasserleitungsordnung mit § 32 WRG. betrifft, räumen die Beschwerdeführer zwar ein, daß es sich bei der letzteren Gesetzesstelle bloß um die Festlegung von Grundsätzen für die Neuregelung des Anschluß- und Benützungszwanges bei gemeinnützigen öffentlichen Wasserversorgungsanlagen handelt. Den Beschwerdeführern scheint aber dabei entgangen zu sein, daß die Erlassung der hiezu notwendigen Ausführungsbestimmungen der Landesgesetzgebung mit der Maßgabe überlassen worden ist, daß bis zum Inkrafttreten eines solchen Ausführungsgesetzes die bisherigen landesgesetzlichen Vorschriften, hier also das von den Beschwerdeführern

als verfassungswidrig bekämpfte Wasserleitungsgesetz und damit naturgemäß auch die auf Grund dieses Gesetzes erlassenen Gemeindewasser-
leitungsordnungen gemäß § 122 Abs. 3 WRG. weiterhin in Kraft bleiben.
Da für den Bereich des Landes Steiermark eine der Bestimmung des § 32
WRG. Rechnung tragende landesgesetzliche Neuregelung des Anschlußzwanges bis zur Erlassung des angefochtenen Bescheides jedenfalls noch
nicht erfolgt war und die belangte Behörde sonach bei der Erledigung
der ihr zur Entscheidung vorgelegenen Berufung der Beschwerdeführer
ausschließlich von der zu dieser Zeit bestandenen Rechtslage auszugehen
hatte, erledigt sich das von den Beschwerdeführern ins Treffen geführte
Argument wohl von selbst, daß die im angefochtenen Bescheid angewendeten Rechtsnormen den Rahmen des § 32 WRG. überschreiten.
Ebensowenig ist erkennbar, inwiefern ein auch die §§ 4 und 5 der
Wasserleitungsordnung belastender inhaltlicher Widerspruch zwischen den
Absätzen 1 und 4 des § 2 des Wasserleitungsgesetzes bestehen soll. Der
klare Wortlaut dieser Absätze läßt vielmehr keinen Zweifel darüber,
daß der Gesetzgeber die in § 2 A b s a t z 1 leg. cit. vorgesehenen Ausnahmen vom Anschlußzwang nicht schon kraft Gesetzes, sondern nur
bei Zutreffen bestimmter Voraussetzungen wirksam werden lassen wollte,
wobei das tatsächliche Vorliegen solcher Ausnahme-(Befreiungs-)gründe
im Einzelfalle der Gemeinde gegenüber nachzuweisen ist. Daß im A b -
s a t z 4 aber die Gemeinden ermächtigt worden sind, in die von ihnen
zu erlassenden Wasserleitungsordnungen auch Bestimmungen über die
Form der Geltendmachung von Befreiungsansprüchen und über die allfällige zeitliche Begrenzung derselben aufzunehmen, liegt durchaus innerhalb der dem Gesetzgeber durch die Verfassung gezogenen Grenzen."

Nr. 28: zu § 32 WRG.

VwGH. Beschluß v. 12. November 1953, Zl. 1332/52, Slg. N. F. Nr. 3189, Zurückweisung einer Beschwerde gegen einen Beschluß der Tiroler Landesregierung:

*Bei einem auf § 30 Abs. 3 des Tiroler Gemeindeabgabengesetzes, LGBl.
Nr. 43/1935, gegründeten Beschluß der Landesregierung, mit dem auf
Antrag des Gemeinderates für die im Bereich einer Wasserversorgungsanlage gelegenen Objekte und Betriebe der Anschluß- und Benützungszwang ausgesprochen worden ist, handelt es sich um keinen Bescheid, sondern um eine der verwaltungsgerichtlichen Nachprüfung auf ihre Gesetzmäßigkeit entzogene Verordnung.*

Der Gemeinderat von L. hat beschlossen, für den Weiler W. eine Wasserleitung unter der
Bedingung zu erbauen, daß für alle im unteren Ortsteil von W. wohnhaften Besitzer seitens der
Behörde der Anschlußzwang ausgesprochen werde. Gegen diesen Gemeinderatsbeschluß haben einige
Besitzer Einspruch erhoben, über den nach der Aktenlage bisher noch nicht entschieden worden
ist. In der Folge hat der LH. von Tirol die wasserrechtliche Bewilligung für den Bau und Betrieb
der gegenständlichen Wasserleitung erteilt. Die Tiroler Landesregierung hat daraufhin ihrerseits
auf Grund des oben wiedergegebenen Gemeinderatsbeschlusses gemäß § 30 Abs. 3 des Gemeindeabgabengesetzes, LGBl. Nr. 43/1935, den Anschluß- und Benützungszwang für die im erschließ-
baren Bereich der zur Versorgung des Ortsteiles W. zu errichtenden Wasserleitungsanlage ge-

legenen Objekte und Betriebe ausgesprochen und hievon die Gemeinde L. mit dem Auftrag verständigt, den gegenständlichen Beschluß „ortsüblich" kundzumachen. Ausgenommen vom Anschluß- und Benützungszwang wurden gewisse Objekte, die bereits an eine bestehende Wasserversorgungs- anlage eines Besitzers angeschlossen waren.
    Gegen diesen Beschluß der Landesregierung richtet sich die vorliegende Beschwerde. Von der belangten Behörde wurde in dem hierüber eingeleiteten verwaltungsgerichtlichen Verfahren der Standpunkt vertreten, daß es sich bei dem hg. zur Überprüfung beantragten Beschluß der Tiroler Landesregierung um eine Verordnung, also um eine generelle Norm, und nicht um einen Bescheid im Sinne des Art. 130 Abs. 1 B-VG. handle. Der Verwaltungsgerichtshof stimmt dieser Auffassung zu.

„In § 32 WRG. ist ausgesprochen, daß zur Wahrung der Interessen eines gemeinnützigen Wasserversorgungsunternehmens ein Anschluß- zwang vorgesehen werden kann und die diesbezüglichen näheren Bestim- mungen der Landesgesetzgebung überlassen bleiben. Eine derartige landes- gesetzliche Regelung findet sich für Tirol in der nach Wirksamkeits- beginn des WRG. vom Landtag neu beschlossenen Fassung des § 30 Abs. 3 des Tiroler Gemeindeabgabengesetzes, LGBl. Nr. 43/1935. Darin wird die Landesregierung ermächtigt, über Antrag des Gemeinderates für die im Bereich der Wasserversorgungsanlagen gelegenen Objekte und Betriebe den Anschluß- oder Benützungszwang auszusprechen, wobei sie sowohl auf die industriellen als auch auf die gewerblichen und landwirt- schaftlichen Interessen angemessene Rücksicht zu nehmen hat. Ferner wird bestimmt, daß ein solcher Zwang nur dann und nur insoweit aus- gesprochen werden darf, als es Gründe der Gesundheitspflege oder der Feuersicherheit erheischen oder die Errichtung neuer privater Anlagen den Bestand der Gemeindeeinrichtung gefährden könnte.

Im Gegensatz zu anderen landesgesetzlichen Vorschriften über den Anschlußzwang (vgl. z. B. § 18 des niederösterreichischen Landesgesetzes, LGBl. Nr. 13/1951), in denen durch das Gesetz unmittelbar der Anschluß- zwang in gewissen Fällen ausgesprochen wurde, überläßt das Tiroler Landesgesetz den Ausspruch über den Anschlußzwang der Landesregie- rung. Es ist daher zu untersuchen, ob dieser Ausspruch der Landesregie- rung einen Bescheid im Sinne der §§ 56 ff. AVG. oder eine generelle Norm darstellt, so wie der in anderen Landesgesetzen unmittelbar ver- fügte Anschlußzwang. Die in der Bestimmung des § 30 Abs. 3 des Tiroler Gemeindeabgabengesetzes enthaltenen Einschränkungen eines Ausspruches des Anschlußzwanges könnten als Merkmal dafür angesehen werden, daß der Ausspruch einen Bescheid darstellt, der wegen Nicht- beachtung der einschränkenden Vorschriften von dem Betroffenen ange- fochten werden könnte. Doch muß beachtet werden, daß der Ausspruch der Landesregierung nach der Vorschrift der bezogenen Gesetzesstelle sich grundsätzlich auf einen örtlichen Bereich zu erstrecken hat, bei dem nicht ein für allemal feststeht, ob dort im Sinne der einschränkenden Vorschrift industrielle, gewerbliche oder landwirtschaftliche Interessen zu berücksichtigen sind oder die erwähnten Ausnahmeumstände zutreffen. Diese Erwägungen führen nun zur Auslegung, daß der Ausspruch des Anschlußzwanges, soweit er nicht sogleich bestimmte Objekte in dem betreffenden Gebiete ausschließt, generell alle jeweiligen Besitzer in dem bezeichneten Bereich, also einen unbeschränkten Personenkreis in abstrakter Weise zum Wasserleitungsanschluß verpflichtet.

Vorliegend hat die Tiroler Landesregierung grundsätzlich in einem bestimmten Ortsbereich gelegene Objekte und Betriebe unter den Anschlußzwang gestellt. Sie hat somit im Sinne der obigen Ausführungen eine generelle Norm erlassen, die als solche einer Nachprüfung auf ihre Gesetzmäßigkeit durch den Verwaltungsgerichtshof grundsätzlich entzogen ist."

<h2 style="text-align:center">Nr. 29: zu § 34 WRG.</h2>

VwGH. Erk. v. 3. Oktober 1957, Zl. 5/57, Abweisung einer Beschwerde gegen einen Berufungsbescheid des LH. v. Kärnten:

Die Errichtung eines Bootslandeplatzes bedarf nicht nach der Vorschrift des § 9 Abs. 1, sondern nach jener des § 34 Abs. 1 einer wasserrechtlichen Bewilligung, die zeitlich beschränkt oder gegen jederzeitigen Widerruf erteilt werden kann.

Die BH. erteilte dem Beschwerdeführer gemäß den §§ 34 und 81 WRG. die Bewilligung zur Errichtung eines Bootslandeplatzes unter der Voraussetzung, daß die Ausführung planmäßig erfolge und die Unterkante des Steges mindestens 20 cm über dem höchsten Hochwasserstand liege. Die Bewilligung wurde jedoch nur gegen jederzeitigen Widerruf erteilt. Gegen den Widerrufsvorbehalt brachte der Beschwerdeführer Berufung ein, in welcher er ausführte, daß er sich mit diesem Widerruf nicht einverstanden erklären könne, weil er auf einem 72,73 m² großen Seegrund eine Verbreiterung der bereits bestehenden Landungsbrücke vornehme und ihn dieser Bau etwa 10.000 S kosten werde. Es sei völlig untragbar, eine solche Summe zu investieren, wenn er jederzeit damit rechnen müsse, die ganze Anlage wieder abtragen zu müssen. Die Bewilligung für die bereits bestehende Landungsbrücke enthalte den Vorbehalt des jederzeitigen Widerrufes nicht.

Mit dem nunmehr vor dem Verwaltungsgerichtshof angefochtenen Bescheid der belangten Behörde wurde der Berufung keine Folge gegeben und der erstinstanzliche Bescheid bestätigt. In der Begründung dieses Bescheides hieß es, daß für bauliche Herstellungen, die nach § 34 WRG. einer wasserrechtlichen Bewilligung bedürfen, der Vorbehalt des Widerrufes grundsätzlich zulässig sei, ohne daß hiefür eine weitere Voraussetzung vom Gesetz gefordert werde. Von dieser Möglichkeit des Widerrufes dürfe allerdings nur dann Gebrauch gemacht werden, wenn gegebenenfalls triftige Gründe dafür sprechen.

„Angesichts des wohl unmißverständlichen Wortlautes der maßgeblichen gesetzlichen Bestimmungen kann kein Zweifel darüber bestehen, daß die Errichtung eines Bootslandeplatzes (Bootsanlegestelle) im Ausmaße von 6,20 × 11,65 m nicht nach der Vorschrift des § 9 Abs. 1, sondern nach jener des § 34 Abs. 1 WRG. einer wasserrechtlichen Bewilligung bedarf. Denn bei der Bewilligung nach § 9 Abs. 1 WRG. handelt es sich um eine Bewilligung zu einer über den Gemeingebrauch hinausgehenden Benützung eines öffentlichen Gewässers, also zu einer wirtschaftlichen Nutzung der Wasserwelle bzw. des Wasserbettes, wogegen § 34 Abs. 1 sich auf die Bewilligung zur Errichtung und Abänderung der in dieser Gesetzesstelle näher angeführten b a u l i c h e n   A n l a g e n bezieht.

Der Beschwerdeführer bringt ferner vor, daß von der Möglichkeit eines Widerrufsvorbehaltes nur dann Gebrauch gemacht werden dürfe, wenn triftige Gründe hiefür sprechen.

Auch hier verkennt der Beschwerdeführer die bestehende Rechtslage.

Stellt sich die Errichtung des von ihm geplanten Bootsanlegeplatzes als eine besondere bauliche Herstellung an dem Ufer eines stehenden öffentlichen Gewässers dar, für welche eine Bewilligung nach § 34 Abs. 1 WRG. erforderlich ist, so kann diese Bewilligung zeitlich beschränkt oder gegen jederzeitigen Widerruf erteilt werden. Die Vorschrift des § 22 Abs. 1 WRG., wonach die Bewilligung zur Benutzung eines Gewässers mit Beschränkung auf eine bestimmte Zeitdauer und, insofern es sich um Schiffsmühlen oder sonstige nicht ortsfeste Wasserbenutzungsanlagen oder um nach § 9 bewilligungsbedürftige Schotter- oder Eisentnahmen handelt, auch gegen Widerruf, bei Einbringung von festen Stoffen, Flüssigkeiten oder Gasen auch unter Vorbehalt der späteren Vorschreibung zusätzlicher Maßnahmen erteilt werden kann, nimmt dagegen Bezug auf die Bewilligung zur Benutzung der Wasserwelle bzw. des Wasserbettes. Aus dem gleichen Grund vermag der Beschwerdeführer auch durch den Hinweis auf die Vorschrift des § 28 Abs. 4 WRG. für sich nichts zu gewinnen, nach welcher der Landeshauptmann eine Bewilligung als verwirkt erklären kann, wenn ungeachtet wiederholter Mahnung die anläßlich der Bewilligung oder Überprüfung gestellten Bedingungen nicht eingehalten werden. § 28 WRG. regelt das Erlöschen der Wasserbenutzungsrechte. Wenn hingegen § 34 Abs. 1 letzter Satz WRG. ausdrücklich bestimmt, daß eine Bewilligung zur Errichtung besonderer baulicher Anlagen, zu welchen der gegenständliche Bootslandeplatz gehört, auch zeitlich beschränkt oder gegen Widerruf erteilt werden kann, so kann der in dem angefochtenen Bescheid enthaltene Widerrufsvorbehalt nicht rechtswidrig sein, auch wenn die belangte Behörde für die Aufnahme dieses Vorbehaltes keine Gründe angegeben hat."

Nr. 30: zu §§ 34, 37 und 81 WRG

VwGH. Erk. v. 15. November 1956, Zl. 87/53, Slg. N. F. Nr. 4196 (A), Aufhebung eines Berufungsbescheides des BM. f. L. u. F.:

Eine als Einbau in ein stehendes öffentliches Gewässer qualifizierte Uferschutzmauer ist nach § 34 Abs. 1 bewilligungspflichtig und fällt in die Zuständigkeit der Bezirksverwaltungsbehörde.

„Die belangte Behörde ist im angefochtenen Bescheid dem Vorbringen des Beschwerdeführers, daß die von ihm durchgeführte Uferverkleidung auf Grund des § 37 Abs. 3 WRG. keiner besonderen Bewilligung nach dem Wasserrechtsgesetz bedurft habe, mit dem Hinweis darauf entgegengetreten, daß es sich bei der hier in Betracht kommenden Bauführung nicht um eine nach § 37 Abs. 3 WRG. bewilligungsfreie Ufersicherung, sondern um den Einbau in ein s t e h e n d e s öffentliches Gewässer handle, für welchen gemäß § 34 Abs. 1 WRG. nebst der sonst etwa erforderlichen Genehmigung auch die wasserrechtliche Bewilligung einzuholen ist. Damit hat die belangte Behörde die vom Beschwerdeführer errichtete Uferschutzmauer als Einbau in ein stehendes öffentliches Gewässer qualifiziert, dabei aber völlig übersehen, daß die Bewilligung zur Errichtung einer derartigen Anlage nicht in den durch § 82 WRG. genau umschriebenen Zuständigkeitsbereich des Landeshauptmannes fällt, sondern mangels einer anderweitigen Bestimmung im Wasserrechtsgesetz gemäß § 81 Abs. 1 dieses Gesetzes der örtlich zuständigen Bezirksverwaltungsbehörde vorbehalten ist. Die vorliegend von der Erstinstanz unter Berufung auf § 82 WRG. in Anspruch genommene Zuständigkeit wäre nur dann gegeben, wenn es sich beim A.-See um ein fließendes Gewässer im Sinne des § 82 Abs. 1 l i t. a WRG. handeln würde. Denn nach dieser Gesetzesstelle ist der Landeshauptmann — mit Ausnahme der Strafsachen und der ausdrücklich einer anderen Behörde vorbehaltenen Angelegenheiten — in erster Instanz zuständig für alle Angelegenheiten, die ihm durch besondere Bestimmungen dieses Gesetzes zugewiesen sind, sowie für alle f l i e ß e n d e n G e w ä s s e r, die unter § 2 Abs. 1 lit. a WRG. fallen. Nun zählt zwar der A.-See, wie sich aus dem Anhang A zum Wasserrechtsgesetz Z. 4 ergibt, zu den unter § 2 Abs. 1 lit a fallenden, also öffentlichen Gewässern, ein Umstand, der aber die Zuständigkeit der Bezirksverwaltungsbehörde nicht auszuschließen vermag, weil dieser See nach den Feststellungen der belangten Behörde in seiner Gesamtheit als ein stehendes Gewässer anzusehen ist und die gegenständliche Uferverbauung sonach nicht an einem fließenden Gewässer vorgenommen wurde."

Nr. 31: zu § 34 WRG.
Berufungsentscheidung des BM. f. L. u. F. v. 5. November 1956,
Zl. 98042/1 — 61785/56:

Gesichtspunkte für die wasserrechtliche Bewilligung von Anlagen im Hochwasserabflußgebiet.

„Es ist nun wohl richtig, daß es sich bei der wasserrechtlichen Bewilligung von Anlagen im Hochwassergebiet nach § 34 WRG. nicht um die Verleihung eines Wasserrechtes im engeren Sinne, insbesondere eines Wasserbenutzungsrechtes, vielmehr primär um eine Art wasserpolizeilicher Feststellung zur Sicherung des ungestörten Hochwasserabflusses handelt; insbesondere aus dem Umstand aber, daß bei der endgültigen Fassung des Wasserrechtsgesetzes 1934 statt der ursprünglich auch in Erwägung gezogenen wasserrechtlichen „Erlaubnis" doch auch hier der einheitliche Terminus „wasserrechtliche Bewilligung" gewählt wurde und das Gesetz Sonderbestimmungen für eine Bewilligung nach § 34 nicht enthält, kann geschlossen werden, daß eine wasserrechtliche Bewilligung nach § 34 wesensähnlich mit der sonstigen wasserrechtlichen Bewilligung des Gesetzes ist (§ 93 WRG.).

Sache der Wasserrechtsbehörde ist es, bei einer Bewilligungserteilung nach § 34 in erster Linie darauf zu achten, daß die Anlage weder die Ufer-, Regulierungs- und andere Wasserbauten beeinträchtigt noch die Hochwasserabfuhr behindert oder im Katastrophenfall zur Vermehrung der Hochwasserschäden beiträgt. Doch wird darüber hinaus auch auf Umstände Bedacht zu nehmen sein, die sonst bei Erteilung einer wasserrechtlichen Bewilligung zu beachten sind. Dazu gehört in weitem Umfange die Beeinträchtigung des Grundwassers sowie anderer öffentlicher Interessen nach § 87 WRG., soweit sie w a s s e r wirtschaftlich relevanter Natur sind und nicht z. B. ausschließlich in den Bereich des bau- und gewerbepolizeilichen Verfahrens fallen, wie Feuerschutz an sich und gewerblicher Anrainerschutz nach § 25 ff. GewO. („sonst erforderliche Genehmigung" des § 34 Abs. 1 WRG.)."

Nr. 32: zu § 35 WRG.

Entscheidung des OGH. v. 10. Juni 1953, Zl. 2 Ob 243/53, Slg. Nr. 151:

Kein wasserrechtlicher Schutz für verbaute Grundstücke. Zulässigkeit des Rechtsweges zwecks Schutzes von Baulichkeiten.

„Gemäß § 35 Abs. 1 und 2 WRG. darf der Eigentümer eines Grundstückes den natürlichen Abfluß der darüber fließenden Gewässer zum Nachteil des unteren Grundstückes nicht willkürlich ändern, wogegen der Eigentümer des unteren Grundstückes nicht befugt ist, den natürlichen Ablauf solcher Gewässer zum Nachteil des oberen Grundstückes zu hindern. Diese Vorschrift ist aus § 11 des österreichischen Reichswassergesetzes vom Jahre 1869 übernommen worden. Sie bezieht sich nach der ständigen Rechtsprechung des Verwaltungsgerichtshofes, der der Oberste Gerichtshof beitritt, nur auf unverbaute, landwirtschaftlichen Zwecken dienende Grundstücke, nicht aber auf verbaute Grundstücke oder öffentliche Straßen. Der wasserrechtliche Schutz wird verbauten Grundstücken nicht gewährt. Derselbe ist schon dann ausgeschlossen, wenn nur eines der in Frage kommenden zwei Grundstücke ein verbautes, sohin nicht landwirtschaftlich genutztes Grundstück ist (vgl. bei *Hartig*, Wasserrecht, 1950, bei § 35 WRG. unter Nr. 1 und 3 angeführte Entscheidungen und Anmerkung 3 daselbst; *Haager-Vanderhaag*, Kommentar zum WRG., 1936, S. 281, und die daselbst unter Anmerkung 9—15 angeführten Entscheidungen; *Peyrer*, Wasserrecht, 1898, S. 212; *Randa*, Wasserrecht, 1891, S. 79; *Plochl*, Baurecht, 1949, S. 283). Es mag im vorliegenden Fall dahingestellt bleiben, ob es sich bei dem genannten Ortschaftsweg um ein Grundstück landwirtschaftlichen Charakters oder um einen öffentlichen Weg handelt. Da der Kläger mit der vorstehenden Klage den Schutz seiner Baulichkeiten bezweckt, ist nach dem Ausgeführten § 35 WRG.

unanwendbar und sohin der Rechtsweg gegeben. Daß das Wasser, bevor es die Gebäude des Klägers erreicht, allenfalls zuerst durch seinen Hof fließen muß, schließt den Rechtsweg nicht aus, zumal auch der Hof kein Grundstück im Sinne des § 35 Abs. 1 und 2 WRG. ist (vgl. bei *Hartig* a. a. O. unter Nr. 5 angeführte Entscheidung, ferner die Entscheidung des VwGH. v. 21. März 1911, A 8123)."

Nr. 33: zu § 35 WRG.

Entscheidung des OGH. v. 26. November 1953, Zl. 1 Ob 897/53, Slg. Nr. 287:

Zuständigkeit des ordentlichen Gerichtes, nicht der Wasserbehörde, für Streitigkeiten über eine vertraglich geregelte Änderung der natürlichen Wasserabflußverhältnisse.

„Durch § 35 WRG. werden die Eigentümer des oberen und unteren Grundstückes verpflichtet, die naturgegebenen Abflußverhältnisse nicht w i l l k ü r l i c h zu verändern. Nach § 121 WRG. ist derjenige, der die Bestimmungen des Wasserrechtsgesetzes übertreten hat, von der Wasserrechtsbehörde zu verhalten, die vorgenommenen Neuerungen zu beseitigen, wenn der dadurch Gefährdete und Verletzte es verlangt. Die Beschwerden wegen Übertretungen des § 35 WRG. gehören daher zur Zuständigkeit der Wasserrechtsbehörde und es können in diesem Falle Begehren auf Unterlassung von Änderungen nicht im Wege der Zivilklage geltend gemacht werden (SZ. XXI/61, 2 Ob 319/50, 2 Ob 817/51, 3 Ob 435/52).

Im vorliegenden Falle behaupten aber die Kläger keine willkürliche Veränderung des natürlichen Wasserlaufes, sondern stützen ihre Klage darauf, daß auf Grund einer Zustimmungserklärung der Kläger die Beklagte bzw. deren Rechtsvorgänger ermächtigt worden sind, während der Ausgestaltung ihrer Senkgrube den Ablaufgraben wiederherzustellen und das Wasser auf das Grundstück der Kläger zu leiten, jedoch nur bis zu dem Zeitpunkt, in welchem die Senkgrube wiederhergestellt ist. Es wird also eine künstliche Veränderung des Wasserlaufes auf Grund einer Vereinbarung zwischen den Streitteilen behauptet und die Beseitigung derselben gemäß dieser Vereinbarung begehrt.

Die Anlegung eines künstlichen, der Ableitung des Wassers dienenden Gerinnes, die nicht willkürlich, sondern auf Grund eines privatrechtlichen Übereinkommens vorgenommen wurde, kann aber nicht der Bestimmung des § 35 WRG. unterstellt werden. Aus derartigen Vereinbarungen sich ergebende Streitigkeiten gehören daher zur Zuständigkeit der ordentlichen Gerichte (vgl. *Hartig,* Das österreichische Wasserrecht 1950, S. 104, Anm. 1 und 5)."

Nr. 34: zu § 35 WRG.

Entscheidung des OGH. v. 10. Oktober 1951, Zl. 1 Ob 689/51, Slg. Nr. 267:

*Es liegt auch dann ein natürlicher Wasserabfluß und keine Servitut vor,
wenn ein Grundeigentümer einmal jährlich über seinen Grund eine Furche
in einer von Natur bestehenden Mulde zieht, um damit den Wasserablauf
zu beschleunigen.*

„In der vorliegenden Rechtssache lautete die Kernfrage: Liegt ein
natürlicher Abfluß nur dann vor, wenn Regenwasser lediglich der Schwerkraft folgend fließt, ohne daß durch menschliche Tätigkeit die Richtung
der Beschleunigung des Abflusses beeinflußt wird oder — wie das
Berufungsgericht meint — stellt schon das bloße, alljährlich einmalige
Ziehen einer Furche in der von Natur aus bestehenden Mulde bereits eine
künstliche Wasserleitungsanlage dar? Der Oberste Gerichtshof hält an
der Entscheidung SZ. XXI/74 fest, wonach ein natürlicher Wasserablauf
nicht Inhalt der Servitut des Wasserleitungsrechtes sein kann, oder wie
Klang, Kommentar, 2. Auflage, zu § 489, S. 570, unter Punkt 2 ausführt:
‚Für den natürlichen Ablauf des Regenwassers bedarf der Hauseigentümer keiner Dienstbarkeit.‘ Davon unabhängig ist die Frage, ob der
Nachbar den Ablauf des Regenwassers durch Vorkehrungen fernhalten
darf.

Die wenigen Präjudikate der ordentlichen Gerichte sind sachverhältnismäßig anders gelagert als der vorliegende Fall, in welchem es darum
geht, ob das bloße Ziehen einer Furche schon eine wasserrechtliche Anlage
nach § 497 ABGB. schafft. Die Entscheidung GIUNF. 6318 geht von
einem Tatbestand aus, nach welchem bereits Wasserleitungswasser von
einer Ableitungsröhre einer Höhlung im Erdreich als einem allerdings
nicht entsprechenden Reservoir zufließt. Es entspricht daher der erwähnte
Fall, in welchem es sich um die ‚Substantiierung der Negatorienklage aus
Anlaß der Änderung eines Wasserabflusses durch den Nachbarn‘ handelt,
nicht dem vorliegenden Falle. Desgleichen auch nicht die Entscheidung
GIUNF. 7651, in der es darum geht, ob ein Anspruch auf Anerkennung
einer Wasserleitungsdienstbarkeit aus einem Mühlgerinne besteht.
Swoboda bemerkt (ebdt., S. 311, bei Behandlung des ‚Rechtes der
Wasserzu- und -ableitung‘, § 497 ABGB.): ‚Zur Ausübung dieser Dienstbarkeit sind regelmäßig größere Anlagen erforderlich. Deshalb berechtigt
diese Dienstbarkeit auch dazu, auf dem fremden Grund die nötigen
Röhren, Rinnen und Schleusen... anzulegen‘. Schon *Randa* (Das Eigentumsrecht, 1893, S. 90) spricht mit Bezug auf ‚Anlagen, welche der übliche
landwirtschaftliche Betrieb mit sich bringt‘, aber auch bezüglich ‚Änderungen der Furchenlage durch Pflügen‘ aus, daß solche Änderungen nicht
als besondere künstliche Vorrichtungen, welche den natürlichen Wasserlauf ändern, angesehen werden. *Randa* versteht unter ‚künstlichen

Anlagen' (s. ebdt. S. 92) ein ‚Opus manufactum', verweist jedoch in Anm. 73, ebdt. S. 91, darauf, daß den römischen Quellen entsprechend das Gewicht auf ‚opus' zu legen ist. Im übrigen sei auf die in dieser Anmerkung erwähnten Schrifttumsstellen verwiesen, insbesondere auch darauf, daß die französische Theorie und Praxis in der Furchen- und Grabenziehung, welche durch die geänderte wirtschaftliche Benutzung veranlaßt wird, keine Änderung des natürlichen Wasserlaufes sieht. Für den vorliegenden Fall geben aber auch zwei Entscheidungen der Verwaltungsbehörde, die aus Anlaß der Erörterung wasserrechtlicher Fragen zu § 11 RWG. — § 35 BWRG. ergangen sind, erschöpfend Aufschluß. In beiden Fällen handelt es sich um die Störung des natürlichen Abflusses der Niederschlagswässer, einmal durch eine Furchenziehung, das andere Mal durch eine Aufschüttung (*Budwinski*, 1903, 27. Bd., Nr. 1976 [A] und 1901, 25. Bd., Nr. 364 [A]). In den beiden verwaltungsrechtlichen Verfahren ging es nicht nur um die Störung, worüber von der Verwaltungsbehörde zu entscheiden war, wie dies auch der Oberste Gerichtshof in seiner Entscheidung SZ. XXI/61 wieder ausgesprochen hat, sondern auch darum, ob eine künstlich angelegte Wasserfurche, die den natürlichen Wasserabfluß sichern sollte, eine Wasserableitungsanlage darstelle. Die Verwaltungsbehörde kam auf Grund ihrer Sachkenntnis zu dem Ergebnis, ‚daß die Wasserfurche ausschließlich dazu diente, den natürlichen Wasserabfluß in einer solchen Art zu bewirken, wie es bei der ordentlichen Bewirtschaftung eines Ackers üblich und notwendig ist, so daß also die strittige Furche bloß eine nach den Regeln oder Erfahrungen des Ackerbaubetriebes zweckdienliche Vorrichtung ist, die den natürlichen Wasserablauf nicht ändert, somit unter diesen Umständen kein Grund für die Annahme gegeben ist, daß es sich um eine Behinderung des natürlichen Wasserablaufes handle, noch überhaupt ein Anlaß dafür gegeben ist, die strittige Wasserfurche als eine künstliche Wasserableitungsanlage zu erklären'. Dazu kommt im vorliegenden Falle noch folgendes: Der Kläger selbst behauptet, daß es sich um den natürlichen Ablauf des Regenwassers handelt. Die Kläger meinen aber, daß sie an diesem natürlichen Wasserablauf eine Servitut besitzen. Diese Rechtsansicht ist im Hinblick auf die Judikatur der Gerichte und der Wasserrechtsbehörden (zuletzt SZ. XXI/61) nicht zutreffend. Schließlich kommt im vorliegenden Falle dazu, daß die Furchenziehung stets entsprechend der Neigung der Grundstücke erfolgte. In dieser Linie hat sich auch ohne Furchenziehung der natürliche Abfluß der Regenwässer naturgemäß zu vollziehen. An diesen Ausführungen ändert auch der Umstand nichts, daß die Entscheidung der Frage des Bestandes einer Dienstbarkeit der Wasserleitung zur Zuständigkeit der Gerichte gehört (GlUNF. 7651). Der rechtlichen Beurteilung, daß durch die bloße Furchenziehung, wie sie den Bewirtschaftungsverhältnissen von Äckern und Wiesen entspricht, noch keine künst-

liche Wasserleitungsanlage geschaffen wird, entspricht die Entscheidung
GlUNF. 4820. Dort handelt es sich allerdings um einen Rechtsfall nach
dem Nachbarrecht (§ 364 ABGB.), und zwar um die Schädigung des
Nachbarn durch Anlegung eines Grabens. Im wesentlichen aber geht es
darum, daß auch hier zur Beschleunigung des Wasserablaufes der Eigentümer eines Weingartens in diesem eine Furche für das Regenwasser
angelegt hat, daß aber bei sehr heftigen Regengüssen das durch die Furche
im Graben zusammenströmende Regenwasser nach Auflösung des Erdreiches an der Grubenmulde ausbricht, das Erdreich mit sich fortreißt und
zum Weingarten des Klägers herabströmt und sich dann mit dem mitge-
rissenen Erdreich über den Weingarten des Klägers ergießt und den
Garten verschlammt. Aber auch in diesem Falle behaupteten beide Parteien einen Anspruch auf ungehinderten Ablauf des Regenwassers, ohne
daß dieser Anspruch weder von den Parteien noch vom Gerichte als das
Recht der Dienstbarkeit der Wasserableitung angesehen wurde.

Da daher durch die bloße Anlegung der Furche eine Servitut nicht
begründet wurde, waren beide Klagebegehren abzuweisen."

Nr. 35: zu § 35 WRG.

Entscheidung des OGH. v. 4. Jänner 1952, Zl. 2 Ob 817/51, Slg. Nr. 4:

*§ 35 Wasserrechtsgesetz will den natürlichen Abfluß des Wassers schützen
und verbietet darum die Vornahme von Vorrichtungen, die geeignet sind,
den natürlichen Abfluß zu ändern oder zu verhindern. Die Anlegung eines
künstlichen, der Ableitung des Niederschlagswassers dienenden Gerinnes
kann dieser Gesetzesstelle nicht unterstellt werden. Für das Begehren, eine
solche Anlage zu beseitigen, ist der Rechtsweg zulässig.*

„Es kann dahingestellt bleiben, ob § 35 WRG. nur das unverbaute
landwirtschaftliche Grundstück im Auge hat oder ob an dem Grundstück-
begriff im Sinne des § 35 WRG. auch dann nichts geändert wird, wenn
auf dem Grundstück ein den Zwecken der Landwirtschaft dienendes
Gebäude aufgeführt wird. Das Rekursgericht hat im allgemeinen richtig
erkannt, daß die Übertretung einer wasserrechtlichen Bestimmung nicht
vorliegt und somit die Kompetenz der Wasserrechtsbehörde nicht gegeben ist. § 35 WRG. will den natürlichen Abfluß des Wassers schützen
und verbietet darum die Vornahme von Vorrichtungen, die geeignet sind,
den natürlichen Abfluß zu ändern oder zu verhindern. Es handelt sich
hier um die Regelung des natürlichen Abflusses oder des natürlichen
Ablaufes des Niederschlagswassers, somit um die durch Bodenneigung,
Bodengestaltung und Bodenverhältnisse überhaupt naturgegebenen
Momente und nicht um den durch einfache oder technische Vorrichtungen bewirkten künstlichen Ablauf der Gewässer. Es kann daher die
Anlegung eines künstlichen, nur der Ableitung des Niederschlagswassers

dienenden Gerinnes nicht dem § 35 WRG. unterstellt werden (vgl. *Haager-Vanderhaag*, Kommentar zum Wasserrechtsgesetz, S. 281 ff.). Leitet, wie im vorliegenden Fall vom Kläger behauptet wird, der Beklagte durch einen Graben und Drainagerohre das sich auf seinem Grundstück ansammelnde Niederschlagswasser auf den Grund des Klägers ab, dann bewirkt er hiedurch künstlich den Ablauf desselben, ohne natürliche Abflußverhältnisse zu ändern. Ohne sein Eingreifen würde das Wasser, soweit es nicht verdunstet oder versickert, auf seinem Grund bleiben. Zur Abwehr eines solchen willkürlichen Eingriffes steht aber dem Kläger, zumal er hiedurch nach seiner Behauptung an dem ordentlichen Gebrauch seines Grundstückes beeinträchtigt wird, der Rechtsweg offen. Der Fall liegt hier anders als in der vom Erstrichter und vom Rekurswerber herangezogenen Entscheidung SZ. XXI/61, wo der Eigentümer des unteren Grundstückes gegen die Bestimmung des § 35 WRG. handelte, indem er durch Errichtung einer Wasserfalle den natürlichen Ablauf des Regenwassers verhinderte. Daß der Anwendungsfall des § 36 WRG. mangels Vorliegens einer ‚Entwässerungsanlage‘ nicht gegeben ist, wird vom Rekurswerber selbst anerkannt.“

Nr. 36: zu §§ 35 und 121 WRG.

VwGH. Erk. v. 28. Mai 1956, Zl. 905/55, Aufhebung eines Berufungsbescheides des LH. v. Kärnten:

Das eigenmächtige Wegleiten eines Baches vom Grundstück des Unterliegers bedeutet eine willkürliche Änderung zum Nachteil des Unterliegers und berechtigt ihn zu einem Antrag auf Beseitigung der Änderung nach § 121 WRG.; es ist dabei gleichgültig, ob der Unterlieger ein Wasserbenutzungsrecht daran besitzt und ob es sich um ein öffentliches Gewässer handelt.

„Der Beschwerdeführer hatte seinen ursprünglichen Antrag auf die Bestimmung des § 35 Abs. 1 WRG. gestützt, wonach der Eigentümer eines Grundstückes den natürlichen Ablauf der darauf sich ansammelnden oder darüberfließenden Gewässer zum Nachteil des unteren Grundstückes nicht willkürlich ändern darf. Hiezu ist zu sagen, daß in dem Falle, als der Bach früher tatsächlich über das Grundstück des Beschwerdeführers geflossen sein sollte, eine willkürliche Änderung dieses Bachlaufes durch eigenmächtiges Wegleiten des Baches vom Grundstück des Beschwerdeführers, wie dies vorliegend dem Mitbeteiligten vorgeworfen wird, eine Änderung zum Nachteil des Beschwerdeführers bzw. des diesem gehörenden Grundstückes bedeutet hätte, und zwar ohne Rücksicht darauf, ob der Beschwerdeführer eine wasserrechtliche Benützungsbewilligung besitzt oder nicht. Ebenso spielt auch der Umstand keine Rolle, daß es sich um eine Viehtränke, also um einen Gemeingebrauch an dem Gewässer handelt, dessen Entziehung keine Verletzung eines subjektiven Rechtes einer

Person darstellen kann (vgl. diesfalls insbesondere den hg. Beschluß vom 14. Oktober 1954, Slg. 3521/A). Die Benachteiligung läge für den Fall der Richtigkeit der Behauptung des Beschwerdeführers darin, daß seinem Grundstück als Weidefläche die erforderliche Tränkestelle entzogen worden wäre. Der Beschwerdeführer ist infolge der geltend gemachten Benachteiligung auch legitimiert gewesen, gemäß § 121 Abs. 1 WRG. einen Antrag auf Beseitigung der behaupteten Neuerungen zu stellen. Aus diesen Erwägungen ergibt sich, daß der Hinweis der belangten Behörde auf den Umstand, daß das Gewässer ein öffentliches Gewässer sei und der Beschwerdeführer kein über den Gemeingebrauch nach § 8 WRG. hinausgehendes Recht besitze, in der hier entscheidenden Frage rechtlich bedeutungslos ist.

Die belangte Behörde hat die Ablehnung des Auftrages an den Mitbeteiligten zur Beseitigung der Neuerung gemäß § 121 Abs. 1 WRG. ferner damit begründet, daß nach der Aktenlage nicht eindeutig feststehe, daß der natürliche Ablauf des Baches willkürlich zum Nachteil des Beschwerdeführers geändert worden sei. Diese Begründung erweist sich mit Rücksicht auf das Berufungsvorbringen des Beschwerdeführers als unzureichend, weil nicht überprüft werden kann, aus welchen Gründen die Behörde zur Auffassung gelangte, daß die von der Erstinstanz vorgenommene Beweiswürdigung richtig und die Argumentation des Beschwerdeführers verfehlt sei. Auch die Bemerkung, daß das in der Angelegenheit abgeführte gerichtliche Verfahren für das wasserrechtliche Verfahren belanglos sei, weil dort privatrechtliche Gesichtspunkte zu gelten hätten, kann wegen ihres allgemeinen Charakters gleichfalls nicht als hinreichende Begründung gewertet werden."

Nr. 37: zu § 37 WRG.

VwGH. Erk. v. 4. April 1957, Zl. 2009/55, Abweisung einer Beschwerde gegen einen Berufungsbescheid des BM. f. L. u. F.:

§ 37 bzw. § 12 Abs. 4 begründet keinen Entschädigungsanspruch für Nachteile, die nach Durchführung einer Regulierung im nicht regulierten Unterlauf durch Überflutung bei Hochwasser entstehen können.

„Die belangte Behörde hat die Bewilligung für die geplanten Regulierungswasserbauten auf die Vorschriften des § 37 WRG. gegründet. Nach Abs. 4 dieser Gesetzesstelle sind Schutz- und Regulierungswasserbauten so auszuführen, daß die öffentlichen Interessen nicht verletzt werden und eine Beeinträchtigung fremder Rechte vermieden wird. Die Bestimmungen des § 12 Abs. 4 finden Anwendung. Nach § 12 Abs. 4 WRG. steht die mit einer geplanten Wasserbenutzungsanlage verbundene Änderung des Grundwasserstandes der Bewilligung nicht entgegen, wenn das betroffene Grundstück auf die bisher geübte Art benutzbar bleibt.

Doch ist dem Grundeigentümer für die nach fachmännischer Voraussicht etwa eintretende Verschlechterung der Bodenbeschaffenheit eine angemessene Entschädigung (§ 99) zu leisten. Auf die Vorschrift des § 12 Abs. 4 WRG. stützt die Beschwerdeführerin ihren Rechtsanspruch auf Festsetzung einer Entschädigung für den Nachteil, der ihr dadurch entsteht, daß nach Durchführung der Regulierung bei Hochwasser eine Überflutung ihrer Liegenschaften im nicht regulierten Unterlauf eintreten werde. Auf diese gesetzliche Bestimmung kann jedoch die Beschwerdeführerin ihren Anspruch nicht gründen. Denn § 12 Abs. 4 WRG. gewährt einen solchen Anspruch nur dann, wenn mit einer geplanten Wasserbenutzungsanlage (durch einen Regulierungswasserbau) eine Änderung des G r u n d w a s s e r s t a n d e s verbunden ist. Das Vorliegen eines solchen Sachverhaltes hat aber die Beschwerdeführerin weder im Verwaltungsverfahren noch in der Beschwerde behauptet. Sie leitet ihren Entschädigungsanspruch vielmehr daraus ab, daß nach Durchführung der Regulierungswasserbauten eine Überschwemmung ihrer Liegenschaften bei Hochwasser eintreten wird.

Soweit daher die belangte Behörde den von der Beschwerdeführerin geltend gemachten Entschädigungsanspruch im Rahmen des § 37 WRG. als im Gesetz nicht begründet abgewiesen hat, ist die Beschwerdeführerin in keinem Recht verletzt. Nun trifft es wohl zu, daß die Beschwerdeführerin schlechthin Entschädigung für den Mehrschaden begehrt hat, der durch die Regulierung insofern verursacht werden könnte, als nach der Regulierung Überschwemmungen in größerem Ausmaß als bisher auftreten werden. Daraus könnte gefolgert werden, daß das Parteibegehren auf eine Entscheidung über einen Schadenersatzanspruch gerichtet war, der seinen Rechtsgrund nicht mehr ausschließlich im Wasserrecht hat. Zu einer solchen Entscheidung wären allerdings die Wasserrechtsbehörden nicht zuständig."

Nr. 38: zu § 37 WRG.

VwGH. Erk. v. 30. Juni 1955, Zl. 234/52 *, Zurückweisung und Abweisung von Beschwerden gegen einen Berufungsbescheid des BM. f. L. u. F.:

Bei der Bewilligung von Regulierungsvorhaben ist es nicht nur Aufgabe der Wasserrechtsbehörde, die Beeinträchtigung fremder Rechte nach Möglichkeit zu vermeiden, sondern auch, wenn eine solche der Natur der Sache nach nicht vermieden werden kann, dafür zu sorgen, daß nicht einzelne allein die vollen mit der Durchführung des Regulierungsvorhabens zwangsweise verbundenen Nachteile zu tragen haben.

„Die belangte Behörde hat in ihrer Gegenschrift die Beschwerdelegitimation des J. K. und der A. W. in der Frage der Trassenführung bestritten. Der Verwaltungsgerichtshof muß der belangten Behörde in

---

* Vergl. Nr. 9.

diesem Punkte beipflichten. Wie aus den Akten des Verwaltungsverfahrens hervorgeht, haben die genannten Personen gegen den erstinstanzlichen Bescheid kein Rechtsmittel erhoben. In der Frage der Trassenführung ist aber der erstinstanzliche Bescheid von der Berufungsbehörde vollinhaltlich aufrechterhalten worden, so daß durch die Berufungsentscheidung in diesem Belange keine Änderung des erstinstanzlichen Spruches bewirkt wurde. J. K. und A. W., die den erstinstanzlichen Bescheid im Rechtsmittelwege nicht angefochten haben, müssen daher die durch ihn geschaffene Rechtslage in der Frage der Trassenführung gegen sich gelten lassen. Da ihnen somit in dieser Frage die Beschwerdeberechtigung fehlt, mußte die Beschwerde, soweit sie in diesem Punkte von den beiden Beschwerdeführern erhoben wurde, gemäß § 34 Abs. 1 und Abs. 3 VwGG. als unzulässig zurückgewiesen werden.

Anders verhält es sich mit der Aufhebung der Punkte 2 und 8 der Vorschreibungen des erstinstanzlichen Bescheides. Durch die Aufhebung dieser beiden Punkte wurde der erstinstanzliche Bescheid von der Berufungsbehörde zuungunsten der Beschwerdeführer abgeändert. Dagegen steht ihnen das Beschwerderecht ohne Rücksicht darauf, ob sie selbst Berufung erhoben hatten oder nicht, jedenfalls zu.

Was nun die Frage der Trassierung betrifft, so beschränkt sich die Beschwerde darauf, es als rechtswidrig zu bezeichnen, daß für die Trasse der Regulierungsbauten ein im erstinstanzlichen Verfahren vom Bürgermeister von O. gestellter Antrag, sie in die kürzeste Verbindungslinie der beiden Endpunkte des zu regelnden Flußlaufes zu verlegen, also als Durchstich auszubauen, nicht berücksichtigt worden sei, ohne jedoch die in den Bescheiden beider Instanzen für die Wahl einer anderen Lösung ausführlich dargelegten Erwägungen wirksam zu widerlegen, denenzufolge wasserbautechnische Gründe einer Trassenführung als Durchstich entgegenstehen. Auch darin, daß die Behörden außer diesen technischen Erwägungen auch die Interessen der anderen Grundbesitzer bei der Wahl der Trassierung berücksichtigt und die Trasse so angelegt haben, daß die damit notwendigerweise verbundenen Nachteile sich gleichmäßig auf die Anlieger beiden Flußufer auswirken, vermag der Verwaltungsgerichtshof keine Beeinträchtigung des Grundsatzes des § 37 Abs. 4 WRG. zu erblicken. Es ist nicht nur Aufgabe der Wasserrechtsbehörden, die Beeinträchtigung fremder Rechte nach Möglichkeit zu vermeiden, sondern auch, wenn eine solche der Natur der Sache nach nicht vermieden werden kann, dafür zu sorgen, daß nicht einzelne — im Falle der von den Beschwerdeführern befürworteten Trassenführung wären dies die Einwohner der Gemeinde P. — allein die vollen mit der Durchführung eines Regulierungsvorhabens zwangsweise verbundenen Nachteile zu tragen haben."

Nr. 39: zu §§ 38 und 61 WRG.

Berufungsentscheidung des BM. f. L. u. F. v. 3. Februar 1955,
Zl. 97472/1 — 49491/54:

Heranziehung von Anrainern zu einer Uferschutzgenossenschaft.

„Gemäß § 38 WRG. bleibt die Herstellung von Vorrichtungen und
Bauten gegen die schädlichen Einwirkungen des Wassers zunächst denjenigen überlassen, d. h. anheimgestellt, welchen die bedrohten Liegenschaften und Anlagen gehören; unterlassen sie selber den Schutz und
besteht für fremdes Eigentum Gefahr, müssen sie jedoch die Ausführung
der Schutzmaßregeln gestatten und hiezu nach Verhältnis des erlangten
Vorteiles oder nach dem Grade des abgewendeten Nachteiles beitragen.
Wenn ferner ein von einer Mehrheit beabsichtigter Schutz von Grundeigentum gegen Wasserschäden von unzweifelhaftem Nutzen ist und sich
ohne Ausdehnung auf die Grundstücke der Minderheit technisch und
wirtschaftlich nicht zweckmäßig ausführen läßt, kann die Wasserrechtsbehörde nach § 61 WRG. die widerstrebende Minderheit durch Bescheid
dazu verhalten, der zu bildenden Genossenschaft beizutreten.

Die geplante Uferschutzmauer ist nun, wie aus den Sachverständigengutachten hervorgeht, von unzweifelhaftem Nutzen, da hiedurch die
Gründe der Anrainer vor Wasserschäden geschützt werden. Sie sichert
das in einer verhältnismäßig stark gekrümmten Rechtsschlinge verlau-
fende linke Ufer. Die Parzelle des Berufungswerbers liegt am fluß-
abwärtigen Ende der Mauer und wird durch sie in ihrer vollen Breite
geschützt. Entgegen der Behauptung der Berufung verläuft der Fluß auch
im Bereiche des Mauerendes und somit vor der Parzelle des Berufungswerbers noch in der Krümmung. Ohne projektsgemäßen Uferschutz besteht die Gefahr, daß bei einer größeren Hochwasserführung die schon
durch das Hochwasser 1950 hintergangene und l a n d s e i t i g fast bis
zum Fundament freigelegte Mauer von der Landseite weiter aufgerollt
und demnach die Liegenschaft des Berufungswerbers vom Hochwasser mit
betroffen wird. Da es aber technisch nicht möglich ist. den Berufungswerber von diesem Nutzen auszuschließen und das Projekt ohne Ausdehnung auf die Gesamtheit der Genossenschafter auch wirtschaftlich
nicht zweckmäßig ausführbar ist, weil der Berufungswerber ohne Beitragsleistung in den Genuß der Vorteile der Anlage kommen würde, während
sich die Beiträge der übrigen Genossenschafter anteilsmäßig um seinen
Beitrag erhöhen müßten, ist die zwangsweise Einbeziehung des Berufungswerbers in die Genossenschaft gerechtfertigt.

Im übrigen ist die Tatsache, daß es im vergangenen Jahrhundert
durch die Vorbesitzer der derzeitigen Genossenschafter zur Gründung
einer Wassergenossenschaft zum Schutze der gleichen Uferstrecke kam,
ein deutlicher Hinweis für die Zweckmäßigkeit der Bildung der gegen-

ständlichen Genossenschaft unter Einschluß aller durch die geplanten Maßnahmen geschützten Parzellen."

Nr. 40: zu § 43 WRG.

Berufungsentscheidung des BM. f. L. u. F. v. 27. April 1955,
Zl. 97576/1 — 35981/55:

Unter entsprechender Bewirtschaftung im Sinne des § 43 Abs. 1 lit. a WRG. ist ebenso wie in lit. b diejenige zu verstehen, die im Interesse der Instandhaltung eines Gewässers und zur Hintanhaltung von Überschwemmungen notwendig ist. Unter den Begriff „Bewachsung" fällt auch ein Jungwaldbestand. — Bei einer Maßnahme nach § 43 WRG. handelt es sich nicht um ein Zwangsrecht, sondern um eine Eigentumsbeschränkung im Sinne des § 364 ABGB.

„Wirtschaftliche Schäden, die durch eine nicht zweckmäßige Bewirtschaftung der Ufergrundstücke sowie des Überschwemmungsgebietes herbeigeführt werden können, machen im öffentlichen Interesse, aber auch im eigenen Interesse der Uferanrainer, wasserpolizeiliche Maßnahmen notwendig, die eine Beschränkung der Verfügungsfreiheit über einzelne Grundstücke mit sich bringen. Die Bestimmungen des § 43 Abs. 1 lit. a WRG. ermächtigen die Wasserrechtsbehörde, den Eigentümern von Grundstücken die entsprechende Bewirtschaftung der auf den Uferböschungen und auf den Grundstücken im Bereich der regelmäßig wiederkehrenden Hochwässer vorhandenen Bewachsung vorzuschreiben. Unter e n t s p r e c h e n d e r Bewirtschaftung ist ebenso wie in lit. b diejenige zu verstehen, die im Interesse der Instandhaltung eines Gewässers und zur Hintanhaltung von Überschwemmungen notwendig ist. Die Notwendigkeit der berufungsgegenständlichen Vorschreibungen wurde von der Amtsabordnung bei der mündlichen Verhandlung ausgesprochen und in der Berufung nicht bestritten. Auch unterliegt es keinem Zweifel, daß der Jungwaldbestand der Berufungswerberin unter den Begriff „Bewachsung" im Sinne des § 43 Abs. 1 lit. a WRG. fällt...

Zum Vorbringen, daß im vorliegenden Falle die Einlösung der betroffenen Waldflächen und deren Eingliederung in das öffentliche Gut verfügt werden müßte, wird festgestellt, daß hiefür eine gesetzliche Handhabe nicht besteht. Die Bestimmungen des § 56 WRG., die unter bestimmten Voraussetzungen eine Einlösung vorsehen, können nur bei Anwendung von Zwangsrechten im Sinne des vierten Abschnittes des Wasserrechtsgesetzes herangezogen werden. Bei einer Maßnahme im Sinne des § 43 WRG. handelt es sich jedoch nicht um ein solches Zwangsrecht, sondern um eine Eigentumsbeschränkung im Sinne des § 364 ABGB."

Nr. 41: zu §§ 43, 45 und 110 WRG.

VwGH. Erk. v. 25. Oktober 1956, Zl. 937/54, Slg. N. F. Nr. 4178, Aufhebung
eines Berufungsbescheides des LH. v. Vorarlberg:

Künstliche Gerinne und Wassergräben fallen nicht unter § 43 WRG., ihre Instandhaltung wird vielmehr durch § 45 geregelt. Die Bewilligung zur Errichtung oder baulichen Änderung eines bahneigenen Grabens fällt gemäß § 110 Abs. 1 lit. b in die Zuständigkeit der Eisenbahnbehörde; Räumung und Instandhaltung eines Bahngrabens sind dagegen von der Zuständigkeit der Wasserrechtsbehörde nicht ausgenommen. Im übrigen haben die Bestimmungen der §§ 43, 44, 45 WRG. auch auf Eisenbahnunternehmungen voll Anwendung zu finden.

Längs des Eisenbahndammes befindet sich auf bahneigenem Grund ein offener Bahngraben. In diesen Wassergraben mündet ein Abflußgraben, der das aus den oberliegenden Grundstücken anfallende Wasser in den Bahngraben leitet. Der vormals offene Abflußgraben wurde vor etwa 20 Jahren verrohrt.

Die Eigentümer der oberhalb liegenden Grundparzellen stellten bei der Bezirkshauptmannschaft den Antrag, die Räumung und ordnungsgemäße Instandhaltung des Bahngrabens zu veranlassen. Während die Bahn bis 1945 den Graben jährlich einmal geräumt habe, hätte sie dies seit Kriegsende mit dem Hinweis unterlassen, daß der Graben von den Anrainern zu räumen sei. Mit Bescheid der Bezirkshauptmannschaft wurde der Eisenbahnverwaltung gemäß § 43 Abs. 1 lit. a und c WRG. aufgetragen, die Uferböschung des Bahngrabens freizuhalten sowie das Gerinne mindestens in jedem zweiten Jahr von Stöcken, Schutt und anderen den Abfluß hindernden oder die Ablagerung von Sand und Schotter fördernden Gegenständen zu räumen, da der Bahngraben als ein Bestandteil der Eisenbahnanlage seit dem Bestand der Eisenbahn das natürliche Abflußgerinne für die Tag- und Grundwässer der oberliegenden Grundstücke bilde und der Eisenbahn als Eigentümerin der Ufergrundstücke die Instandhaltung obliege. Dieser Bescheid wurde von der Berufungsbehörde bestätigt.

„Die Behörden beider Instanzen haben ihre Maßnahmen auf § 43 WRG. gestützt; Gewässer im Sinne dieser Gesetzesstelle sind aber nur natürliche Gerinne, jedoch keine künstlichen Anlagen und Wassergräben. Künstlich angelegte Bahngräben fallen daher nicht unter die Bestimmungen des § 43 WRG., so daß deren Anwendung jedenfalls eine Rechtswidrigkeit des Inhaltes darstellt. Die Instandhaltung künstlicher Gerinne wird vielmehr durch § 45 WRG. geregelt. Die Beschwerdeführerin meint nun, daß es sich bei dem gegenständlichen Bahngraben, dessen Räumung angeordnet wurde, nicht um eine Wasserbenutzungsanlage nach § 110 Abs. 1 l i t. a WRG. handle, so daß dem Bundesministerium für Verkehr und Elektrizitätswirtschaft als Eisenbahnbehörde die Zuständigkeit zur Handhabung der materiell-rechtlichen Bestimmungen des Wasserrechtsgesetzes zukomme. Der Wasserrechtsbehörde stehe lediglich die im § 110 Abs. 1 l i t. b WRG. vorgesehene Mitwirkung zu. Von der Beschwerdeführerin wird dabei übersehen, daß die in den Fällen des § 110 Abs. 1 l i t. b WRG. gegebene eisenbahnbehördliche Zuständigkeit auf das eisenbahnrechtliche B a u verfahren beschränkt ist, d. h. also, daß die Bewilligung der Neuerrichtung oder allfälligen baulichen Änderung eines, wie im Beschwerdefalle, längs der Eisenbahnlinie verlaufenden bahneigenen Grabens, gleichgültig welcher Art von Wasserführung er dient, in die Zuständigkeit der Eisenbahnbehörde fällt, wobei diese auch die materiell-rechtlichen Bestimmungen des Wasserrechtsgesetzes anzuwenden hat. Abgesehen davon, daß eine solche Bewilligung, die auch wasserrechtliche Bestimmungen enthält, im gegenständlichen Fall nicht vorliegt, handelt es sich hier um die Instandhaltung eines künstlichen Gerinnes. Eine derartige, mit keiner baulichen Änderung dieser Anlage verbundene wasserpolizeiliche Maßnahme hat mit dem eisenbahnrechtlichen Bauverfahren nichts mehr zu tun und ist auch nicht ausdrücklich von der Zuständigkeit der Wasserrechtsbehörden ausgenommen. Im übrigen haben die Bestimmungen der §§ 43, 44 und 45 WRG. ihrem Wesen und Zweck entsprechend im vollen Umfange auch auf Eisenbahnunternehmungen Anwendung zu finden. Da sonach die Ausnahmebestimmungen des § 110 WRG. vorliegend nicht zutreffen, war die belangte Behörde zur Erlassung des von der Beschwerde bekämpften Bescheides jedenfalls zuständig. Gleichwohl aber mußte dieser Bescheid deshalb, weil die belangte Behörde ein Verfahren auf Grund des § 43 WRG. statt auf Grund des § 45 WRG. durchgeführt hat, gemäß § 42 Abs. 2 lit. a VwGG. 1952 wegen Rechtswidrigkeit seines Inhaltes aufgehoben werden."

Nr. 42: zu §§ 43 und 45 WRG.

VwGH. Erk. v. 11. November 1954, Zl. 2505/53, Aufhebung eines Berufungsbescheides des BM. f. L. u. F.:

Räumung an einem von einem Kraftwerksunternehmen beeinflußten Bach.

Im erstinstanzlichen Bescheid wurde der Gemeinde die Verpflichtung auferlegt, ein Teilstück der Seeache zur Gänze zu räumen und zu den Räumungskosten eines weiteren Teilstückes 50 Prozent beizutragen, während das Kraftwerksunternehmen die anderen 50 Prozent und in der Zwischenstrecke die gesamten Räumungskosten zu tragen habe. In der Begründung wird angeführt, daß sich die Gemeinde 1947 in einem Übereinkommen mit dem Kraftwerksunternehmen zur Übernahme von 50 Prozent der Räumungskosten verpflichtet habe, während die Regelung der Zwischenstrecke damals offengeblieben sei; wenn die Gemeinde auch vor dem Bau des Kraftwerkes für die Räumung der Seeache keine Kosten aufgewendet habe, so sei sie doch durch einen rechtskräftigen Bescheid aus 1925 zur Räumung verpflichtet worden mit dem Recht, das Kraftwerksunternehmen zu einem der Wirkung des Wasserentzuges entsprechenden Anteil an den Räumungskosten heranzuziehen; es könne keine Rede davon sein, daß der Wasserentzug allein an der Verschotterung der Seeache Schuld trage, daher könne auch das Kraftwerksunternehmen nicht allein zu den Räumungskosten herangezogen werden; im übrigen könne die Gemeinde nach § 43 Abs. 1 lit c WRG. die Eigentümer der Ufergrundstücke zur Räumung des Gerinnes heranziehen. Der Berufung der Gemeinde wurde aus den Gründen des erstinstanzlichen Bescheides keine Folge gegeben. In der Beschwerde an den VwGH. führte die Gemeinde aus, daß sie die Verpflichtung zur 50prozentigen Beitragsleistung 1947 in Erwartung eines verbesserten Seeabflusses infolge des D. Überleitungsprojektes übernommen hätte; solange das Seewasser seinen natürlichen Abfluß durch die Seeache genommen habe, hätten Kosten für die Räumung der gegenständlichen Teilstrecke nicht aufgewendet werden müssen; im übrigen haben gemäß § 45 WRG. die Wasserberechtigten nachteilige Wirkungen ihrer Anlagen auf andere Gewässerstrecken zu beheben.

„Obwohl die belangte Behörde die Begründung des bekämpften erstinstanzlichen Bescheides vom 24. November 1952 als zutreffend bezeichnet hatte, scheint sie doch den dort vertretenen Standpunkt, wonach in dem Bescheid des Landeshauptmannes vom 22. Oktober 1947 eine fortdauernde Verpflichtung der Gemeinde zur Räumung der Seeache ausgesprochen worden sei, nicht übernommen zu haben. Sie hat nämlich in der speziellen Bescheidbegründung diese Frage dahingestellt sein lassen.

Der Verwaltungsgerichtshof hatte sich daher mit diesem Thema nicht weiter auseinanderzusetzen. Gleichwohl sei jedoch bemerkt, daß der darauf Bezug habende Bescheid aus dem Jahre 1947 in diesem Punkte wenig aufschlußreich ist. Die einleitenden Ausführungen dieses Bescheides, die die Auswirkungen des in der betreffenden Gegend im Jahre 1946 niedergegangenen Unwetters zum Gegenstande haben, könnten als Bekräftigung der Ansicht der Beschwerdeführerin dienen, daß damals nur die durch das Unwetter verursachten Kosten geregelt werden sollten. Auch den von der ersten Instanz vertretenen Standpunkt einer rechtskräftigen Regelung der Beitragspflicht der Gemeinde hat das belangte Bundesministerium nicht durch Ausführungen, die sich mit dieser Rechtsfrage speziell beschäftigten, zu bekräftigen versucht. Der Verwaltungsgerichtshof könnte übrigens dem Standpunkt der Erstinstanz auch nicht beipflichten, da bei einer Änderung des von der Behörde im letzten Bescheide angenommenen Sachverhaltes der Einwand der Rechtskraft dieses Bescheides jedenfalls abwegig ist. Einer solchen Änderung des Sachverhaltes ist auch der Umstand gleichzuhalten, daß das im letzten Bescheid angenommene Eintreten eines bestimmten Erfolges ausgeblieben ist. Dies hat die Beschwerdeführerin in bezug auf die seinerzeit gehegten Erwartungen nach Inbetriebnahme des D-Stollens behauptet. Zu diesem Punkte ist nun zu bemerken, daß die Ausführungen der Berufungsbehörde nicht als hinlänglich angesehen werden können. Es wird in der Bescheidbegründung lediglich festgestellt, daß die Verpflichtung der Gemeinde zur 50 %igen Beitragsleistung deshalb gerechtfertigt sei, weil die Geschiebezufuhr aus den Seitenbächen der Seeache ohne Zutun des Kraftwerksunternehmens erfolgt sei. Damit aber ist die Frage offengeblieben, ob die Stauung der Geschiebezufuhr aus den Seitenbächen nicht etwa auf die mangelnde natürliche Räumung der Seeache zurückzuführen ist. Aber auch dem Hinweis der Behörde darauf, daß der Mangel an Vorflut für die Geschiebestauung in der Seeache nicht schuldtragend sei, fehlt die nähere schlüssige Begründung. Schließlich leiden auch die Behauptungen der Behörde, daß die seinerzeitigen Erwartungen hinsichtlich der Wasserzufuhr nach der D-Überleitung sich nicht auf den strittigen Teil der Seeache bezogen hätten und daß eine Beurteilung der Auswirkungen der D-Überleitung derzeit verfrüht sei, an dem gleichen Mangel. Es ist — ohne nähere diesbezügliche Erklärung — nicht einzusehen, warum eine Durchflutung der Seeache nicht auch eine natürliche Räumung auf dem die Gemeinde belastenden Teilstück bewirken sollte. Der Umstand, daß die im Bescheid vom 22. Oktober 1947 enthaltene Bemerkung über die Erwartungen aus den in Behandlung stehenden Projekten sich nicht in dem die Verpflichtung der Gemeinde betreffenden Punkte befand, kann nach der Lage der Dinge nicht so ausgelegt werden, daß die erwähnte Sachverhaltsannahme in diesem Punkte nicht zu gelten habe."

Nr. 43: zu § 45 Abs. 1 WRG.

VwGH. Erk. v. 9. Februar 1956, Zl. 636/54, Slg. N. F. Nr. 3968 (A), Abweisung einer Beschwerde gegen einen Berufungsbescheid des LH. v. Steiermark:

Die Instandhaltung der Uferschutzwand eines künstlichen Gerinnes obliegt grundsätzlich dem Wasserberechtigten. Eine Ausnahme hat nur dann Platz zu greifen, wenn rechtsgültige Verpflichtungen anderer bestehen.

Mit dem Berufungsbescheid wurde der Elektrizitätswerksbesitzer verpflichtet, die Holzschutzwand des Werksgerinnes beim Haus des Mitbeteiligten instand zu setzen, der Mitbeteiligte wurde verhalten, zu den Kosten der Instandsetzung und künftigen Erhaltung dieser Wand 25 Prozent beizutragen.

„Gemäß § 45 Abs. 1 WRG. sind, sofern keine rechtsgültigen Verpflichtungen anderer bestehen, die Wasserberechtigten verhalten, ihre Anlagen und die dazugehörigen Kanäle, künstlichen Gerinne, derart zu erhalten und zu bedienen, daß keine Verletzung öffentlicher oder fremder Rechte stattfindet. Es steht außer Streit, daß es sich vorliegend um ein künstliches Gerinne handelt. Daß zur Pflicht der Erhaltung eines künstlichen Gerinnes auch die Instandsetzung der Uferschutzwände gehört, hat der Verwaltungsgerichtshof bereits in seinem Erkenntnis vom 19. November 1908, Slg. 6299/A, festgestellt. Er sieht sich nicht veranlaßt, von dieser, dem Sinne des Gesetzes entsprechenden Ansicht abzugehen. Die Fassung der Gesetzesstelle läßt ferner erkennen, daß die Instandhaltung der Uferschutzwände grundsätzlich dem Wasserberechtigten obliegt und eine Ausnahme nur dann Platz zu greifen habe, wenn rechtsgültige Verpflichtungen anderer bestehen. Die belangte Behörde hat sich in dem angefochtenen Bescheid auf den Standpunkt gestellt, daß eine derartige Verpflichtung des Mitbeteiligten nicht bestehe. Der Verwaltungsgerichtshof konnte nicht finden, daß die Behörde in diesem Punkte den Rahmen der ihr gemäß § 45 Abs. 2 AVG. zustehenden Befugnis der freien Beweiswürdigung überschritten hätte. Der Einwand der Beschwerdeführerin, daß der gegenständliche Kanal früher den Lauf eines natürlichen Gerinnes dargestellt habe, an welches das Haus des Mitbeteiligten unmittelbar herangebaut worden sei, vermag den Standpunkt der belangten Behörde nicht zu widerlegen, weil die Verhältnisse v o r der Errichtung des Werkskanals, die eine wesentliche Veränderung des Sachverhaltes gerade hinsichtlich der Möglichkeiten der Uferabnützung bewirken konnten, nicht ohne weiteres als Nachweis für den Weiterbestand von wasserrechtlichen Verpflichtungen gewertet werden können. Deshalb erscheint auch der Hinweis der Beschwerdeführerin auf gewisse urkundliche Nachrichten aus der Zeit v o r Errichtung des Werkskanals bezüglich der Erhaltungsverpflichtungen als bedeutungslos. Hingegen könnte die von der Beschwerdeführerin selbst nicht bestrittene Tatsache, daß Uferschutzwände durch die Werksbesitzer gelegentlich errichtet worden seien, als Argument für den Standpunkt der belangten Behörde dienen; da bei derartigen faktischen Verhältnissen — wie gleichfalls in dem obbezogenen hg. Erkenntnis zum Ausdruck gebracht wurde — die Vermutung Platz zu greifen hat, daß die Werksbesitzer aus einem Verpflichtungstitel gehandelt hatten. Der Umstand schließlich, daß die Behörde auch den Mitbeteiligten zur Beitragsleistung herangezogen hat, kann nicht — wie es die Beschwerdeführerin wahrhaben will — als Argument gegen die Ansicht der Behörde verwendet werden; weil dadurch die Frage nach dem grundsätzlichen Verpflichtungstitel nicht berührt wird."

Nr. 44: zu §§ 45 Abs. 3, 21 und 106 Abs. 2 WRG.

VwGH. Erk. v. 19. April 1956, Zl. 1764/54, Slg. N. F. Nr. 4048 (A), Abweisung einer Beschwerde gegen einen Berufungsbescheid des BM. f. L. u. F.:

Ein Gerinne kann jedenfalls dann nicht als einheitliche Anlage mehrerer Wasserberechtigter im Sinne des § 45 WRG. bezeichnet werden, wenn es im Verlauf einer längeren Strecke im erheblichen Ausmaß Einmündungen anderer Gewässer und Abzweigungen aufweist, wobei es ohne Belang ist, ob es sich um künstlich geschaffene Anlagen handelt.

Die Fa. F. beantragte unter Hinweis auf § 45 Abs. 3 WRG. eine Neufestsetzung der Beitragsleistung zur Erhaltung des von ihr und der mitbeteiligten Fa. G. benützten Werkskanales vorzunehmen. Die erste Instanz gab dem Antrag dem Grunde nach statt. Die Berufungsbehörde änderte den erstinstanzlichen Bescheid dahin ab, daß der Antrag auf Neufestsetzung der Beitragspflicht nach § 45 abgewiesen werde und über den im Berufungsverfahren gestellten Antrag auf Beitragsleistung der mitbeteiligten Partei gemäß § 21 von der ersten Instanz auf Grund eines eigens durchzuführenden Ermittlungsverfahrens zu entscheiden sei.

„Gemäß § 45 Abs. 3 WRG. wird, wenn nach Abs. 1 mehrere Berechtigte verpflichtet sind, die Aufteilung der aufzuwendenden Kosten mangels gütlicher Übereinkunft durch Bescheid der Wasserrechtsbehörde geregelt. Ändern sich die Voraussetzungen, unter denen die Aufteilung der Kosten vorgenommen wurde, wesentlich, hat die Wasserrechtsbehörde auf Antrag eine neue Entscheidung zu treffen.

Vorliegend steht nun in Frage, ob das gegenständliche Gerinne als eine Anlage mehrerer Wasserberechtigter im Sinne der genannten Gesetzesstelle anzusehen ist. Die Beschwerdeführerin verweist auf die Ausführungen im Erkenntnis des ehemaligen Bundesgerichtshofes vom 10. Mai 1939, Slg. Nr. 2070/A, wonach im Sinne der allgemeinen Verkehrsauffassung ein gemeinschaftlicher Werkskanal als eine Anlage mehrerer Wasserberechtigter anzusehen sei. Der Verwaltungsgerichtshof stimmt diesem Standpunkt grundsätzlich zu, allerdings verlangt der Begriff „Werkskanal", weil er nach den örtlichen Gepflogenheiten verschieden ist, in jedem Einzelfalle eine Nachprüfung darüber, ob tatsächlich ein Wasserlauf diese Bezeichnung und Wertung als gemeinschaftliche Anlage verdient. Ein Gerinne kann jedenfalls dann nicht als eine einheitliche Anlage bezeichnet werden, wenn es im Verlaufe einer längeren Strecke im erheblichen Ausmaß Einmündungen anderer Gewässer und Abzweigungen

aufweist, wobei es ohne Belang ist, ob es sich um künstlich geschaffene
Anlagen handelt. Es fehlt hier eben die einheitliche Struktur des Wasserlaufes, die ein wesentliches Merkmal einer einheitlichen Anlage ist. Im
heutigen Beschwerdefall konnte die belangte Behörde annehmen, daß es
an der erwähnten Einheitlichkeit des Gerinnes fehle. Dies zeigen die
Feststellungen der Behörde über die örtlichen Umstände des Gerinnes
und die in den Akten des Verwaltungsverfahrens erliegenden Situations-
pläne.

Aus diesen Darlegungen ergibt sich, daß eine Behandlung der streit-
gegenständlichen Angelegenheit nach den Bestimmungen des § 45 WRG.
nicht zulässig war. Der in der Beschwerde vertretene Standpunkt, daß
die Behörde verpflichtet gewesen sei, für den Fall der Nichtanwendbarkeit
des § 45 Abs. 3 WRG. das Begehren der Beschwerdeführerin unter dem
Gesichtspunkt des § 21 dieses Gesetzes zu behandeln, ist gleichfalls nicht
zutreffend. Dies wäre nur statthaft gewesen, wenn bereits im erstinstanzlichen Verfahren ein darauf hinzielender Antrag seitens der Parteien gestellt worden wäre. Nach der Bestimmung des § 21 Abs. 1 WRG. können
nämlich die Besitzer von Wasserkraftanlagen, die aus dem Bestand einer
fremden Wasserführungsanlage einen unmittelbaren und wesentlichen
Nutzen ziehen, a u f A n t r a g des Benutzungsberechtigten dieser Anlage durch Bescheid des Landeshauptmannes verhalten werden, einen
angemessenen Beitrag zu den Instandhaltungskosten zu leisten. Es wäre
auch zulässig gewesen, das wasserrechtliche Verfahren sowohl nach der
Bestimmung des § 45 als auch nach der des § 21 durchzuführen und über
beide Angelegenheiten gleichzeitig abzusprechen, wie es in dem bezogenen
Erkenntnis des Bundesgerichtshofes auch zum Ausdruck gebracht worden
ist. Im Berufungsstadium durfte die Behörde jedoch die Änderung des
Verfahrens nach § 45 auf § 21 WRG. nicht mehr durchführen, und zwar
schon deshalb nicht, weil die beiden Gesetzesbestimmungen eine ver-
schiedenartige rechtliche Konstruktion aufweisen; im Falle des § 21 handelt
es sich um eine ‚Kann-Bestimmung‘, im Falle des § 45 hingegen nicht.
Aus diesen Erwägungen war die Beschwerde als unbegründet abzuweisen
(§ 42 Abs. 1 VwGG.).

Zum Antrag der mitbeteiligten Firma auf Kostenzuspruch ist zu
bemerken, daß gemäß § 47 Abs. 1 VwGG. die obsiegende Partei nur dann
Anspruch auf Ersatz der Kosten durch die unterlegene Partei hat, wenn
sie in dem vorausgegangenen Verwaltungsverfahren darauf Anspruch
gehabt hat. Gemäß § 106 Abs. 2 WRG. hat die Wasserrechtsbehörde über
den Kostenersatz nach billigem Ermessen abzusprechen. Aus dieser Rechtslage ergibt sich, daß auch die Frage des Kostenersatzes im verwaltungsgerichtlichen Verfahren dem Ermessen des Gerichtshofes anheimgestellt
ist. In Anbetracht des Umstandes, daß im gegenständlichen Streitfall die

in Betracht kommenden wasserrechtlichen Vorschriften die wünschenswerte Deutlichkeit vermissen lassen und es sich um eine besondere Art der Wassernutzungsanlagen handelt, war anzunehmen, daß auf Seite der Beschwerdeführerin beachtliche Gründe dafür sprachen, ihren Rechtsstandpunkt vor dem Verwaltungsgerichtshof zu verfechten. Der Verwaltungsgerichtshof hielt es daher für billig, der Beschwerdeführerin keinen Ersatz der Verfahrenskosten aufzuerlegen."

Nr. 45: zu § 45 Abs. 3 WRG.

VwGH. Erk. v. 26. Oktober 1956, Zl. 1946/54, Slg. N. F. Nr. 4180 (A), Abweisung einer Beschwerde gegen einen Berufungsbescheid des BM. f. L. u. F.:

Eine wesentliche Erhöhung des Nutzgefälles rechtfertigt auch bei gleichbleibender Betriebswassermenge eine Neuregelung des Verteilungsmaßstabes.

„Gemäß § 45 Abs. 3 WRG. hat die Wasserrechtsbehörde auf Antrag über die Wehrerhaltungskosten eine neue Entscheidung zu treffen, wenn sich die Voraussetzungen, unter denen die seinerzeitige Aufteilung der Kosten vorgenommen wurde, wesentlich ändern. Da der Beschwerdeführer das Vorliegen einer solchen wesentlichen Änderung bestritten hat, war zunächst zu prüfen, ob nicht einer Neuregelung res iudicata entgegensteht. Es handelt sich hier um die Beurteilung einer Tatbestandsfrage, die in erster Linie von einer Änderung der Wassernutzung abhängig ist. Daß seit der letzten Entscheidung der Behörde eine Änderung der Wassernutzung durch die inzwischen vorgenommene Ausgestaltung der Anlagen eingetreten ist, erscheint auf Grund der Feststellungen des technischen Amtssachverständigen unbestreitbar. Denn eine wesentliche Änderung der Wassernutzung kann nicht nur durch eine Änderung der bewilligten Wassermenge, sondern auch durch andere maßgebliche Umstände geschehen. Im vorliegenden Falle ist eine solche Änderung durch die wesentliche Erhöhung des Nutzgefälles eingetreten, obwohl hinsichtlich des Wasserverbrauches keine Änderung erfolgt ist. Wie diese Änderung des Nutzgefälles technisch erzielt wurde, hat für die Tatsache der Änderung der Wassernutzung keine entscheidende Bedeutung. Ändert sich aber das Verhältnis der bewilligten Wassernutzung durch die Ausgestaltung einer Wasserbenutzungsanlage, so muß auch der Verteilungsmaßstab neu bestimmt werden. Somit hatte die Wasserrechtsbehörde den Schlüssel nach dem Verhältnis der neuerlangten Wassernutzung ohne Rücksicht auf die Rechtskraft des früheren Bescheides festzusetzen. Während nun der Beschwerdeführer den Standpunkt vertritt, es sei bei keinem der eine Änderung der Wassernutzung herbeiführenden Faktoren eine wesentliche Änderung eingetreten, behauptet dies die Behörde allein hinsichtlich des Nutzgefälles. Darauf, ob diese Annahme der Behörde berechtigt ist, hat sich demnach die Überprüfung des angefochtenen Bescheides im wesentlichen zu beschränken. Nachdem die Wassermenge, welche von beiden Wasserkraftanlagen ausgenützt wird oder ausgenützt werden kann, gleich groß ist, ist das Verhältnis der Kraftausnützung beider Anlagen wie das der zu den Anlagen gehörigen Nutzgefälle. Entscheidend war jedoch, daß der Beschwerdeführer durch den genehmigten Einbau einer Turbine unter gleichzeitiger wesentlicher Erhöhung des Nutzgefälles selbst eine wesentliche Änderung des ehemals bestandenen Tatbestandes verursacht hat, so daß die belangte Behörde verpflichtet war, auf Grund des vorliegenden Antrages der mitbeteiligten Parteien ein Verfahren einzuleiten und nach den nunmehr gegebenen neuen Verhältnissen einen neuen Verteilungsschlüssel im Verhältnis der bewilligten Wassernutzung festzusetzen.

Schließlich ist noch zu sagen, daß der Verwaltungsgerichtshof in dem Umstand, daß die Behörde den vom Beschwerdeführer angebotenen Beweis durch Vergleich der Stromrechnungen vor und nach dem Einbau der Turbine das Gleichbleiben der Wassernutzung festzustellen, nicht durchgeführt hat, keinen Verfahrensmangel zu erblicken vermag. Der Stromverbrauch ist von so vielen nicht kontrollierbaren Zufälligkeiten abhängig, daß er kein wirklich verläßliches Argument zum gegenständlichen Beweisthema abgeben könnte."

Nr. 46: zu §§ 47, 50 und 61 WRG.

Berufungsentscheidung des BM. f. L. u. F. v. 4. September 1956,
Zl. 97412/5 — 28990/56:

Ein Zwangsrecht stellt das letzte Mittel dar, um nach konkreter Abwägung der entgegenstehenden Interessen ein im allgemeinen Interesse gelegenes Wasserbauvorhaben zu ermöglichen. Die Sorge für eine einwandfreie Wasserversorgung ist an sich zunächst der freien Initiative überlassen; wasserrechtlich ist es irrelevant, wer für eine einzelne Siedlung, Ortschaft oder Gemeinde ein Wasserversorgungsprojekt zur Genehmigung einreicht; das eingereichte Projekt ist dem gesetzlichen Verfahren zu unterziehen.

„Entsprechend der ständigen Judikatur der obersten Gerichtshöfe ist g r u n d s ä t z l i c h festzuhalten, daß es sich bei zwangsweiser Einräumung von Dienstbarkeiten um behördliche E i n g r i f f e i n d a s E i g e n t u m s r e c h t handelt, das nach Artikel 5 des Staatsgrundgesetzes vom 21. 12. 1867, RGBl. Nr. 142, unverletzlich ist und in das gegen den Willen des Eigentümers nur in den Fällen und in der Art eingegriffen werden darf, die das Gesetz bestimmt. Im Wasserrechtsgesetz werden die Fälle und die Art der Begründung solcher Zwangsrechte im Vierten Abschnitt geregelt. Die grundlegende Bestimmung des § 47 WRG. sagt im zweiten Absatz, daß diese Maßnahmen nur gegen angemessene Entschädigung und nur dann zulässig sind, wenn eine gütliche Übereinkunft zwischen den Beteiligten nicht erzielt werden kann. Die im

vorliegenden Fall angewendete Bestimmung des § 50 lit. b ermächtigt die
Wasserrechtsbehörde, um die nutzbringende Verwendung der Gewässer
zu fördern, in dem Maße als erforderlich für Wasseranlagen, deren Errichtung im Vergleich zu den Nachteilen der Zwangsrechte überwiegende
Vorteile im allgemeinen Interesse erwarten läßt, die notwendigen Dienstbarkeiten einzuräumen. Selbst für die Anwendung der Bagatellbestimmung
des § 93 Abs. 4 WRG. muß sich im Verfahren ergeben haben, daß fremder
Grund in einem für den Betroffenen unerheblichen Ausmaß in Anspruch
genommen wird. Die Tatsache, daß die Verbesserung der Wasserversor-
gungsverhältnisse und die Errichtung einer entsprechenden Wasserversorgungsanlage an sich im allgemeinen Interesse liegt, genügt eben für sich
a l l e i n noch nicht, die Bestellung von Zwangsrechten zu rechtfertigen.
Bei den angeführten Rechtssätzen handelt es sich somit nicht um bloße
Formvorschriften, sondern um den Schutz eines verfassungsmäßig gewährleisteten Grundrechtes: Ein Zwangsrecht stellt das l e t z t e Mittel
dar, um nach k o n k r e t e r A b w ä g u n g d e r e n t g e g e n s t e -
h e n d e n I n t e r e s s e n ein im allgemeinen Interesse gelegenes Bauvorhaben zu ermöglichen.

Aus dem vorliegenden Verfahrensakt ergibt sich jedoch, daß keine
der erwähnten Voraussetzungen erfüllt oder der für sie maßgebliche
Sachverhalt erhoben wurde, so daß schon an der Notwendigkeit, diese
Grundstücke in Anspruch zu nehmen, gezweifelt werden muß. Daß die
Bewilligungs- und Enteignungswerberin es unterlassen hat, diesbezüglich
ihren Antrag zu untermauern und überhaupt ein Wort zu den gewünsch-
ten Zwangsrechten und ihrer Ablehnung zu sagen, entbindet die Behörde
nicht von der in den §§ 37 und 39 AVG. statuierten Pflicht, von Amts
wegen den für die Begründung von Zwangsrechten maßgebenden Sachverhalt festzustellen. Im vorliegenden Fall ist daher die zwangsweise Einräumung von Dienstbarkeiten rechts- und gesetzwidrig erfolgt und war
deswegen aufzuheben . . .

Der Hauptbeschwerdepunkt ist offenbar, daß die gegenständliche
Wasserleitung von und für die Gemeinde und nicht von einer begrenzten
Wasserwerksgenossenschaft gebaut wird. Nun ist die Sorge für eine einwandfreie Wasserversorgung an sich der freien Initiative überlassen; dem
Zusammenschluß der Interessenten zu einer Wasserwerksgenossenschaft
wäre nichts im Wege gestanden. Geht aber die Initiative von der Gemeinde aus — zu deren Aufgabe diese Sorge auch zweifellos gehört —, ist
sie natürlich einschließlich Art und Umfang des Projektes, Baubeschluß
und Finanzierung eine G e m e i n d e a n g e l e g e n h e i t. Wasserrechtlich ist es an sich irrelevant, w e r für eine einzelne Siedlung, Ortschaft
oder Gemeinde ein Wasserversorgungsprojekt zur Genehmigung einreicht;
das e i n g e r e i c h t e Projekt ist dem gesetzlichen Verfahren zu unter-

ziehen. Relevant könnte diese Frage nur im Zusammenhang mit einem
widerstreitenden Projekt werden. Im vorliegenden Fall wurde aber weder
eine Wasserwerksgenossenschaft gegründet noch ein anderes als das gegenständliche Projekt zur wasserrechtlichen Bewilligung vorgelegt, so daß
eine Berufung gegen die Tatsache der G e m e i n d e wasserleitung wasserrechtlich ausgeschlossen ist . . .

Insgesamt hat die Berufungsbehörde den Eindruck erhalten, daß ein
Teil der mit Wasser Versorgten zu wenig Verständnis für die unzureichend
Versorgten hatte, aber ihre Opposition gegen das Projekt durch zu viel
Zwang unnötig versteift wurde, daß hingegen bei beiderseitiger Bedachtnahme auf berechtigte Einzelinteressen und auf das Gemeinwohl unschwer
eine gedeihliche Lösung der Wasserversorgung im Gemeindegebiet ver-
wirklicht werden kann."

Nr. 47: zu §§ 50 und 51 WRG.

VwGH. Erk. v. 29. April 1954, Zl. 3055/52, Aufhebung eines Berufungsbescheides
des LH. v. Niederösterreich:

*Eine Enteignung hat nur dann Platz zu greifen, wenn diese Maßnahme
erforderlich ist; die Heranziehung eines fremden Gutes kann grundsätzlich
dann nicht als erforderlich angesehen werden, wenn das eigene Gut ohne
unverhältnismäßigen Kostenaufwand den angestrebten Zweck erfüllen kann.*

Die Wasserrechtsbehörde hatte dem Mitbeteiligten die wasserrechtliche Bewilligung erteilt,
aus dem Gemeindebrunnen mittels elektromotorischer Pumpe Trink- und Nutzwasser in einem
bestimmten Höchstausmaß zu entnehmen und die Gemeinde gemäß §§ 50 lit. b bzw. 51 Abs. 1
lit. a WRG. verpflichtet, die Entnahme der bewilligten Wassermenge durch den Mitbeteiligten,
die Verwendung der Pumpe und die Durchführung der dem Mitbeteiligten als Konsensbedingungen
aufgetragenen technischen Vorkehrungen zu gestatten.

„Es ist davon auszugehen, daß das Recht des Mitbeteiligten auf Benützung des Gemeindebrunnens in der Form einer durch eine Handpumpe
betriebenen Wasserableitung durch p r i v a t r e c h t l i c h e n V e r -
t r a g des Vorgängers des Mitbeteiligten mit der Gemeinde begründet
worden ist. Es wäre daher naheliegend gewesen, eine Erweiterung dieses
Wasserbenützungsrechtes durch Einbau eines elektrischen Pumpwerkes
gleichfalls im Vertragswege vorzunehmen. Ein solcher Weg ist infolge
der ablehnenden Haltung der Gemeinde nicht gangbar gewesen. Wenn
nun der Mitbeteiligte trotzdem darauf Wert gelegt hat, eine elektro-
motorisch betriebene Pumpanlage im Hofe zu haben, so hätte er nach
Scheitern der angestrebten vertraglichen Neuregelung vor der Inanspruchnahme von Zwangsrechten zunächst den Versuch machen müssen, auf
eigenem Grund und Boden einen derartigen Brunnen zu errichten. Er
hätte von dieser Aufgabe nur dann befreit werden können, wenn ein
derartiger Versuch erwiesenermaßen bereits mißlungen war. Die belangte
Behörde hat diese, auf dem Grundrecht der Unverletzlichkeit des Eigentums (Art. 5 des StGG. vom 21. Dezember 1867, RGBl. Nr. 142) basie-

renden Gedanken gleichfalls beachtet, indem sie auf das Gutachten des technischen Sachverständigen verwies, wonach die Liegenschaft des Mitbeteiligten wasserarm sein dürfte. Dieses Gutachten wurde nun von der beschwerdeführenden Gemeinde mit Recht als unzulänglich bezeichnet, da es im Grunde nur aus der Tatsache des Nichtvorhandenseins eines Brunnens im Anwesen des Mitbeteiligten auf eine voraussichtliche Erfolglosigkeit einer Wassersuche daselbst schloß. Im Gegensatz dazu ist der Hinweis der beschwerdeführenden Gemeinde auf den Umstand, daß die Nachbarn des Mitbeteiligten ergiebige Brunnen auf derselben Hangseite besitzen, als ein wichtiges Argument für ihren Standpunkt zu werten. Auch die Ansicht der belangten Behörde, wonach der Bestand einer langen Rohrleitung aus dem Gemeindebrunnen zum Anwesen des Mitbeteiligten zeige, daß dort kein Wasser vorhanden sei, kann nicht als überzeugend anerkannt werden, weil auch andere Gründe, so z. B. die seinerzeitige Geringfügigkeit der Kosten der nur für den Ausnehmer bestimmten Anlage (Holzrohre, bzw. das Vorhandensein einer anderen Wasserleitung für das Anwesen selbst) für die Heranziehung des Gemeindebrunnens maßgebend gewesen sein können. Es hätte also, wenn keine konkreten Nachweise über die Erfolglosigkeit von Brunnengrabungen im Gehöfte zur Verfügung stünden (beispielsweise Zeugen über die Erfolglosigkeit einer Brunnengrabung), vor der Inanspruchnahme fremden Gutes eine Grabung oder wenigstens eine fachmännische Untersuchung des Grundstückes des Mitbeteiligten auf ein allfälliges Wasservorkommen erfolgen müssen.

Die Behörde hat sich nun auf den Standpunkt gestellt, daß die Wasserarmut der Liegenschaft des Mitbeteiligten und die Weigerung der Gemeinde zur Erweiterung des bisherigen Wasserbenützungsrechtes die Erlassung einer Enteignungsmaßnahme gemäß dem WRG. zulasse. Der Verwaltungsgerichtshof konnte sich diese Auffassung nicht zu eigen machen, wobei es dahingestellt bleiben kann, ob die Gemeinde dem Mitbeteiligten das Wasserbenützungsrecht im ursprünglichen oder erweiterten Ausmaße zugestehen wollte. Aus den von der Behörde in ihrem Bescheide herangezogenen Bestimmungen der §§ 50 und 51 des WRG. geht hervor, daß eine Enteignung nur dann Platz zu greifen habe, wenn diese Maßnahme zum Zweck der Förderung der nutzbringenden Verwendung der Gewässer oder der Begegnung ihrer schädlichen Wirkungen e r f o r d e r l i c h ist. Es muß also ein B e d a r f nach diesem Eingriff in Rechte Dritter gegeben sein. Unter „Bedarf" ist begrifflich ein Mangelzustand zu verstehen. Ein solcher Mangel ist vernünftigerweise nicht anzunehmen, wenn hinreichende andere Befriedigungsmöglichkeiten bestehen. Grundsätzlich kann daher die Heranziehung eines fremden Gutes in den Fällen nicht als erforderlich angesehen werden, in denen das eigene Gut ohne unverhältnismäßigen Kostenaufwand den angestrebten Zweck erfüllen kann. Ob dies vorliegend zutrifft, muß nach den vorangegangenen Ausführungen zweifelhaft sein. Daraus ergibt sich, daß die Voraussetzungen für eine Enteignungsmaßnahme im Sinne der erwähnten Bestimmungen des WRG. in einem wesentlichen Punkte klärungsbedürftig geblieben sind. Der Verwaltungsgerichtshof sah sich dadurch außerstande, die inhaltliche Richtigkeit der von der belangten Behörde vorgenommenen rechtlichen Würdigung des Sachverhaltes, insbesondere auch die von ihr vorgenommene Interessenabwägung, zu überprüfen. Der angefochtene Bescheid mußte sohin im Hinblick auf die Unzulänglichkeit des Ermittlungsverfahrens wegen Rechtswidrigkeit infolge Verletzung von Verfahrensvorschriften gemäß § 42 Abs. 2 lit. c Z. 2 und 3 VwGG. aufgehoben werden."

Nr. 48: zu §§ 60, 63 und 64 WRG.

Berufungsentscheidung des BM. f. L. u. F. v. 16. August 1957,
Zl. 98129/1 — 37475/57:

Bildung einer freiwilligen Wassergenossenschaft.

„Gemäß § 60 Abs. 2 lit. a WRG. erfolgt die Bildung einer freiwilligen Wassergenossenschaft durch Genehmigung der Satzungen auf Grund freiwilliger Vereinbarung der Beteiligten. Im Zusammenhang mit § 63 WRG. geht daraus klar hervor, daß dem b e h ö r d l i c h e n Akt der Bildung der Wassergenossenschaft durch Genehmigung der Satzungen zunächst die f r e i w i l l i g e   V e r e i n b a r u n g   d e r   B e t e i l i g t e n über Genossenschaft und Satzungen vorauszugehen hat. Schon aus dem Namen und Sinn einer freiwilligen Genossenschaft, aber auch aus § 64 WRG. ergibt sich, daß sich die freiwillige Vereinbarung auf die ganze Genossenschaft, d. h. auf Zweck, Umfang, Mitgliedschaft und Organisation erstrecken muß. Eine Satzung m u ß Bestimmungen über die in § 64 WRG. angeführten Punkte enthalten, und zwar so konkret, daß die Genossenschaft auf Grund dieser Satzung gebildet werden und arbeiten kann. Eine Satzung, in der der Umfang der Genossenschaft und der Kreis der Mitglieder unbestimmt bleibt, steht — abgesehen vom Fehlen einer vollen „freiwilligen Vereinbarung der Beteiligten" — in Widerspruch zu § 64 und darf deswegen von der Wasserrechtsbehörde nicht genehmigt werden. Die behördliche Genehmigung bezweckt ja gerade die Überprüfung der gesetzlichen Voraussetzungen für die Bildung der Wassergenossenschaft, d. h. insbesondere die Überprüfung der Vollständigkeit und Gesetzmäßigkeit der Satzungen und der diesbezüglichen Vereinbarung der Beteiligten. Es widerstreitet der Autonomie einer f r e i w i l l i g e n Genossenschaft und dem Gesetz, eine von Anfang an bestehende oder nachträglich festgestellte Lücke in den Satzungen durch einen b e h ö r d l i c h e n Akt (Bescheid oder Feststellung) auszufüllen. Die notwendige Ergänzung der

Satzungen einer freiwilligen Wassergenossenschaft kann nur durch die Genossenschaft selbst erfolgen; die diesbezügliche Beschlußfassung der Mitglieder bzw. Vereinbarung der Beteiligten bedarf dann der Genehmigung der Wasserrechtsbehörde."

Nr. 49: zu §§ 63 und 76 WRG.

Berufungsentscheidung des BM. f. L. u. F. v. 28. Juni 1957, Zl. 98131/1 —38770/57:

Die Bestimmungen über das Ausscheiden aus einer Wassergenossenschaft können nicht auf zurücktretende Proponenten, sondern nur auf Mitglieder einer bereits gebildeten Genossenschaft Anwendung finden.

„Mit Rechtskraft des Bescheides hat die Wasserwerksgenossenschaft Rechtspersönlichkeit gemäß § 63 WRG. erlangt. E r s t   a b   d i e s e m   Z e i t p u n k t finden die Bestimmungen über das Ausscheiden einzelner Mitglieder gemäß § 76 Abs. 2 WRG. Anwendung. Vor diesem Zeitpunkt kann von einem Austritt nicht gesprochen werden. Das ‚Ausscheiden‘ von Proponenten aus einer erst zu bildenden Wasserwerksgenossenschaft stellt rechtlich keinen Austritt aus der (öffentlich-rechtlich noch nicht bestehenden) Genossenschaft, sondern einen Rücktritt vom Vertrage dar, da die Wasserwerksgenossenschaft auf Grund freiwilliger Vereinbarung (privatrechtlich zu beurteilende Handlungen) erst proponiert ist.

Durch die Verweigerung seiner Unterschrift auf den Satzungen hat der Berufungswerber seinem Willen Ausdruck gegeben, nicht mehr Mitglied der zu bildenden Wasserwerksgenossenschaft werden zu wollen. Es ist richtig, daß die bei der Gründungsversammlung abgegebene Unterschrift in gewissem Umfang auch verpflichtet, doch kann die Einhaltung der mit der Unterschriftsleistung übernommenen Verpflichtung eines Mitproponenten nicht im Verwaltungsverfahren durchgesetzt werden. Allfällige Ansprüche Dritter hieraus wären gegebenenfalls im ordentlichen Rechtsweg auszutragen."

Nr. 50: zu §§ 64, 80 und 124 WRG.

VwGH. Erk. v. 10. Oktober 1957, Zl. 1911/56, Abweisung einer Beschwerde gegen einen Berufungsbescheid des BM. f. L. u. F.:

Die Satzungsbestimmung einer alten Wassergenossenschaft, daß allfällige Streitigkeiten aus dem Genossenschaftsverhältnis durch ein Schiedsgericht ohne weitere Rekursmöglichkeit geschlichtet werden sollen, hat mit Rücksicht auf die zwingende Natur der Bestimmung des § 80 Abs. 1 WRG. nur mehr insofern Bedeutung, als diese Streitigkeiten zunächst bei der Wassergenossenschaft anhängig zu machen sind, daß es aber dem sich durch deren Entscheidung beschwert fühlenden Mitglied freisteht, die Entscheidung der Wasserrechtsbehörde zu begehren.

„Die hier in Betracht kommende Satzung (Genossenschaftsvertrag)
bestimmt im § 25, daß allfällige Streitigkeiten aus dem Genossenschaftsverhältnis, der Genossenschaftsmitglieder untereinander oder mit der Genossenschaft als solche durch ein Schiedsgericht geschlichtet werden, welches analog den Bestimmungen über das Bagatellverfahren verhandelt und
gegen dessen Entscheidung es keinerlei Rekursmittel gibt. Diese Bestimmung der Satzung steht mit der Vorschrift des § 80 Abs. 1 WRG. in
Widerspruch, wonach zur Entscheidung aller aus dem Genossenschaftsverhältnis oder aus der Mitgliedschaft bei einem Wasserverbande ent-
springenden Streitfälle die Wasserrechtsbehörden zuständig sind. Gemäß
§ 124 WRG. sind die nach den bisherigen gesetzlichen Bestimmungen gebildeten Wassergenossenschaften verpflichtet, ihre Satzungen binnen einer
Frist von einem Jahr nach Inkrafttreten dieses Gesetzes dessen Bestimmungen anzupassen und die geänderten Satzungen der Bezirksverwaltungsbehörde zur Genehmigung vorzulegen. Unterläßt es die Genossenschaft, dieser Verpflichtung rechtzeitig nachzukommen, so hat die Wasserrechtsbehörde die erforderlichen Abänderungen von Amts wegen vorzunehmen. Daß eine solche Abänderung der Satzung der im gegenwärtigen
Verfahren mitbeteiligten Wassergenossenschaft durchgeführt wurde, ist aus
den vorgelegten Akten des Verwaltungsverfahrens nicht zu entnehmen.
Der Verwaltungsgerichtshof ist jedoch der Meinung, daß die Vorschrift
des § 25 der Satzung mit Rücksicht auf die zwingende Natur der Bestimmung des § 80 Abs. 1 WRG. nur mehr insofern Bedeutung hat, als
aus dem Genossenschaftsverhältnis entspringende Streitigkeiten zunächst
bei der Wassergenossenschaft anhängig zu machen sind, daß es aber dem-
jenigen Mitglied, das sich durch eine Entscheidung der Genossenschaft
beschwert erachtet, freisteht, die Entscheidung der Wasserrechtsbehörde zu
begehren. Da diese Vorgangsweise im heutigen Beschwerdefall eingehalten
wurde, bestehen gegen die Zuständigkeit der Wasserrechtsbehörde zur
Entscheidung des gegenständlichen Wasserrechtsstreites keine Bedenken,
zumal der zwingenden Regelung des Wasserrechtsgesetzes durch eine abweichende Regelung in der Satzung kein Abbruch getan werden kann.“

Nr. 51: zu §§ 66 und 80 WRG.

VwGH. Erk. v. 2. Dezember 1954, Zl. 3055/53, Abweisung einer Beschwerde
gegen einen Berufungsbescheid des BM. f. L. u. F.:

*Eine Hausanschlußleitung ist nicht als zur gemeinsamen Wasserversorgungs-
anlage gehörig anzusehen, zu deren Herstellungs- und Erhaltungskosten alle
Genossenschaftsmitglieder beizutragen haben.*

Der Beschwerdeführer hatte 1951 bei der Wasserwerksgenossenschaft die Zuleitung der
Wasserleitung bis vor sein Haus auf Kosten der Genossenschaft beantragt. Die Wasserwerksgenossenschaft erhob mit Beschluß vom 11. Februar 1951 gegen dieses Begehren unter der Bedingung keine Einwendung, daß der Beschwerdeführer die auf sein Anwesen entfallenden Kosten
und sonst erforderlichen Arbeiten übernehme. Dagegen berief der Beschwerdeführer an die Wasserrechtsbehörde. Bei der mündlichen Verhandlung erklärte sich die Genossenschaft bereit, die Hälfte

der Rohranschaffungskosten und der Rohrverlegungskosten zu tragen. Da der Beschwerdeführer diesem Anbot nicht zustimmte, sprach der LH. als erste Instanz aus, daß die Wasserwerksgenossenschaft im Sinne ihrer Satzungen verpflichtet sei, den Beschwerdeführer hinsichtlich seines Anschlußbegehrens ebenso zu behandeln wie die übrigen angeschlossenen Genossenschaftsmitglieder. Die Berufungsbehörde änderte diesen Bescheid dahin ab, daß dem Beschwerdeführer ein Anspruch auf Übernahme der Kosten durch die Wasserwerksgenossenschaft für die Zuleitung von der Hauptleitung bis zu seinem Anwesen nicht zustehe.

„Der Einwand des Beschwerdeführers, daß die Berufungsentscheidung unzulässigerweise eine reformatio in peius enthalte, ist abwegig. Die Behörde ist berechtigt, den Bescheid der Vorinstanz im Rahmen des § 66 Abs. 4 AVG. nach jeder Richtung hin abzuändern, und zwar auch zum Nachteil des Berufungswerbers. Im übrigen hat der Beschwerdeführer selbst in seiner Berufung bemängelt, daß die Entscheidung des Landeshauptmannes nur Grundsätze enthalte, daß der Durchführung immerhin die Möglichkeit offenbleibe, dem Begehren des Beschwerdeführers zu entsprechen oder es abzulehnen. Der Beschwerdeführer hat durch seinen Klarstellungsantrag selbst in Kauf genommen, eine abweisliche Entscheidung zu erhalten.

In der Sache selbst hatte der Verwaltungsgerichtshof folgendes zu beachten: Sowohl in dem Bescheide des Landeshauptmannes als auch in dem angefochtenen Berufungsbescheide wurde auf die Tendenz der Satzungen der Wasserwerksgenossenschaft verwiesen, wonach grundsätzlich alle Mitglieder bezüglich des Wasserleitungsanschlusses gleich zu behandeln seien. Aus diesem theoretischen Hinweis allein kann allerdings für die Beurteilung des Falles vom Standpunkte einer Überprüfung des angefochtenen Bescheides hinsichtlich seiner Gesetzmäßigkeit nichts gewonnen werden. In den Satzungen der Wasserwerksgenossenschaft (§ 4) ist diesfalls in konkreter Weise lediglich normiert, daß die Genossenschaftsmitglieder verpflichtet seien, zu den Kosten der Herstellung und Erhaltung der g e m e i n s a m e n Wasserversorgungsanlage nach den Bestimmungen der Satzung beizutragen. Die belangte Behörde hat nun angenommen, daß die gegenständliche Leitung des Beschwerdeführers nicht als Bestandteil der gemeinsamen Wasserversorgungsanlage anzusehen sei. Sie hat diesen Standpunkt mit dem Ergebnis der Erhebungen begründet. Es ist wohl zuzugeben, daß die diesbezüglichen Bemerkungen des Berufungsbescheides die erforderliche nähere Ausführung vermissen lassen, doch hat auch der Beschwerdeführer selbst keine näheren Umstände bekanntgegeben, die die Unrichtigkeit des behördlichen Standpunktes darlegen könnten. Er hat in seiner Beschwerdeschrift kurzerhand behauptet, daß seine Hausanschlußleitung als Hauptleitung zu werten sei. Da indes, wie aus den vorgelegten Unterlagen zu ersehen ist und wie dies auch seitens des Beschwerdeführers zugegeben wird, das Anwesen desselben abseits von der Leitung, der unbestrittenermaßen der Charakter einer Hauptleitung zukommt, liegt, so konnte die Behörde mit Recht annehmen, daß es sich in diesem Falle nicht um eine gemeinsame Wasserversorgungsanlage im Sinne der Satzungen handle. Eine Beitragsleistung der Wasserwerksgenossenschaft für diese Leitung würde daher eine über den Rahmen der gesetzlichen Verpflichtung hinausgehende Leistung der Genossenschaft an den Beschwerdeführer darstellen. Daraus geht hervor, daß im Beschwerdefalle durch den angefochtenen Bescheid subjektive öffentliche Rechte des Beschwerdeführers nicht verletzt wurden."

Nr. 52: zu §§ 70, 60 und 9 WRG.

VwGH. Erk. v. 6. Dezember 1956, Zl. 1483/54, teilweise Aufhebung eines Berufungsbescheides des BM. f. L. u. F.:

Die Aufzählung der Gründe für die Auflösung einer Wassergenossenschaft in § 70 ist erschöpfend. Die Bildung einer Wasserwerksgenossenschaft, die Genehmigung ihrer Satzungen und die nachträgliche Bewilligung der bereits bestehenden Wasserversorgungsanlage gehen ins Leere, wenn die Genossenschaft über diese Wasserversorgungsanlage nicht verfügungsberechtigt ist.

Das gegenständliche wasserrechtliche Verfahren bezieht sich auf die Wasserleitungsanlage des Schlosses M., welches derzeit im Eigentum des Beschwerdeführers steht. Für diese Wasserleitung sind drei Quellen auf einem dem Besitzer A. K. gehörenden Grundstück gefaßt. Von einer gemeinsamen Quellstube führt eine einfache Eisenrohrleitung in einer Länge von 750 m bis zum Auslaufbrunnen im Schloßhof. An die Hauptleitung sind mehrere Anwesen angeschlossen.

Mit Bescheid vom 5. April 1951 sprach die Bezirkshauptmannschaft V. aus, daß der Beschwerdeführer als Eigentümer der Wasserleitungsanlage M. gemäß § 99 WRG. dem A. K. einen jährlichen Anerkennungszins von 200 S zu bezahlen habe. Gegen diesen Bescheid erhob A. K. Berufung, weil er einen Betrag von 240 S begehrte. Im Zuge des Ermittlungsverfahrens der Berufungsbehörde berichtete die BH., daß der Beschwerdeführer mit dem Schloß M. nicht auch die Wasserversorgungsanlage gekauft habe; infolgedessen seien weitere Ansuchen um Anschluß an die bestehende Wasserversorgungsanlage eingelangt; durch diese Sachlage sei der Bescheid vom 5 April 1951 „illusorisch", weil nicht der Beschwerdeführer, sondern noch immer die C. Forstverwaltung Eigentümer der Wasserleitung sei. Auf Grund dieses Berichtes wurde zur Regelung der Wasserbezugsverhältnisse am 25. Juli 1951 eine mündliche Verhandlung an Ort und Stelle anberaumt, in deren Verlauf sich auf Grund freiwilliger Übereinkunft die anwesenden Parteien einschließlich des Beschwerdeführers zur Wasserwerksgenossenschaft M. zusammenschlossen und diese Genossenschaft gründeten. Doch heißt es in der Niederschrift weiter, Voraussetzung für die Gründung der Wasserwerksgenossenschaft sei, daß von der Wasserrechtsbehörde festgestellt werde, daß die Anlage nicht mehr der C. Forstverwaltung gehöre. Ohne jedoch diese Voraussetzung zu beachten, erließ der LH. den Bescheid vom 14. August 1951, mit dem gemäß §§ 75 und 76 WRG. die Satzungen der im Zuge der mündlichen Verhandlung vom 25. Juli 1951 gegründeten Wasserwerksgenossenschaft genehmigt wurden. Mit dem gleichen Bescheid erteilte der LH. dieser Genossenschaft auf Grund der Bestimmungen der §§ 9, 31, 93 und 102 WRG. nachträglich die Bewilligung zur Errichtung und Benützung der bereits bestehenden Anlage mit der Auflage, an A. K. einen jährlichen Betrag von 240 S als Anerkennungszins zu bezahlen. Schließlich wurde noch der Bescheid der BH. vom 5. April 1951 gemäß § 66 Abs. 4 AVG. behoben. Der Bescheid des LH. vom 14. August 1951 ist in Rechtskraft erwachsen.

Kurz darauf erwarb der Beschwerdeführer mit Kaufvertrag vom 24. März 1952 von der C. Forstverwaltung die gesamte Wasserleitungsanlage um den Betrag von 5000 S. Als der Beschwerdeführer in der Folgezeit von seinem Eigentumsrecht Gebrauch machen wollte und für einen neuen Anschluß an die Leitung einen Betrag von 1000 S verlangte, erhob die Wasserwerksgenossenschaft beim LH. Beschwerde. Der Beschwerdeführer führte aus, daß er seinerzeit der Wassergenossenschaft nur deshalb beigetreten sei, weil er selbst noch keine Wasserleitung besessen habe; erst nachträglich habe er die mit den oben angeführten Wasserbezugsrechten belastete Wasserleitung käuflich erwerben können. Im übrigen sei die Wasserleitung zu schwach und deren Ausbau zu kostspielig. Er beantrage deshalb, die Auflösung der Genossenschaft durchzuführen, allenfalls aber die Wasserleitung von der Wassergenossenschaft „auszuscheiden" und ihm und den bisher Nutzungsberechtigten zu überlassen.

Mit Bescheid vom 14. Mai 1953 wies der LH. auf Grund der §§ 82 Abs. 1 lit. g, 80 und 70 WRG. bzw. des § 7 der genehmigten Satzungen den Antrag des Beschwerdeführers auf Auflösung der Wasserwerksgenossenschaft M. ab. Gleichzeitig wurden jedoch die übrigen Mitglieder dieser Genossenschaft verpflichtet, dem Beschwerdeführer nach Maßgabe ihrer im Bescheid ausgewiesenen Anteile die im einzelnen festgesetzten Beträge von zusammen 1917 S zu überweisen.

Das BM. f. L. u. F. gab der Berufung des Beschwerdeführers teilweise Folge und änderte den Bescheid des LH. dahin ab, daß der zweite Absatz des Spruches, worin die anteilsmäßige

„Die im Laufe des Verfahrens mit der gegenständlichen Angelegenheit befaßt gewesenen Wasserrechtsbehörden haben von allem Anfang
nicht mit der erforderlichen Genauigkeit Besitz- und Eigentumsverhältnisse und sonstige Rechte an der Wasserleitung geklärt und beachtet. So
hat sich schon der erste Bescheid der Bezirkshauptmannschaft fälschlich an
einen Adressaten gewendet, der gar nicht Eigentümer der Wasserleitung
war, weshalb dieser Bescheid in der Folge wieder behoben werden mußte.
Obwohl nun der Landeshauptmann auf die Eigentumsverhältnisse bereits
ausdrücklich aufmerksam gemacht worden war, hat er sich die gleiche
Ungenauigkeit zuschulden kommen lassen, so daß auch sein Bescheid ins
Leere gehen mußte. Noch in der mündlichen Verhandlung vom 25. Juli
1951 hat Dr. W. ausdrücklich das Eigentum der C. Forstverwaltung an
der Wasserleitung betont. Darum heißt es auch in der Niederschrift, Voraussetzung für die Gründung der Wasserwerksgenossenschaft sei, daß die
Anlage nicht mehr der C. Forstverwaltung gehöre. Dies werde von der
Behörde festgestellt werden. Mit dem Hinweis auf diese Voraussetzung
endet im Verfahren jedoch die Beachtung der bestehenden Rechtsverhältnisse. Denn bereits in dem Bescheid des Landeshauptmannes vom 14. August 1951 ist von dieser Voraussetzung nicht mehr die Rede; es wurde
vielmehr die Wasserwerksgenossenschaft gegründet und genehmigt, ohne
daß die Genossenschaft das von der Erstbehörde angenommene ‚gemeinsame Eigentum aller Mitglieder‘ an der Schloßwasserleitung irgendwie
nachgewiesen oder ihre sonstigen Rechte an dieser Anlage dargetan hätte.
Ebenso fehlt ein verwertbarer Anhaltspunkt dafür, daß etwa eine Enteignung oder die Einräumung sonstiger Zwangsrechte zugunsten der Genossenschaft erfolgt wäre. Dazu kommt noch, daß die Satzungen der
Wasserwerksgenossenschaft genehmigt wurden, obwohl deren statuten-
mäßiger Zweck nicht erfüllbar war, weil diese Genossenschaft weder im
Zeitpunkt der Erlassung des Genehmigungsbescheides (14. August 1951)
noch in der Folgezeit eine Wasserversorgungsanlage besaß, die sie nach
§ 2 der Satzungen hätte benützen, erhalten und erweitern können. Damit
war aber auch die der Wasserwerksgenossenschaft nachträglich erteilte Bewilligung zur Errichtung und Benützung der bereits bestehenden Anlage
verfehlt, denn es war dies nichts anderes, als wenn die Genehmigung
einer gewerblichen Betriebsanlage, etwa einer Fabrik, nicht dem Fabri-
kanten, sondern den Abnehmern seiner Produkte erteilt worden wäre.
Nur weil alle diese Gründungen, Bewilligungen und Genehmigungen in
Wahrheit wirkungslos bleiben mußten, konnte unbekümmert darum der
wahre Berechtigte rechtmäßig seine Rechte an der Wasserleitung unbe-

schränkt — ausgenommen die schon bisher bestandenen Anschlußrechte — auf den Beschwerdeführer übertragen. Als dieser für einen neuen Anschluß 1000 S begehrte und weitere Neuanschlüsse aus technischen Gründen ablehnte, anderseits aber die Genossenschaft infolge des Verhaltens der Behörde an fremdem Eigentum Neuanschlüsse gestattete, mußte es zum Streit kommen. Anstatt nun die wahren Rechtsverhältnisse festzustellen und sodann die entsprechenden Konsequenzen zu ziehen, ferner klarzustellen, welche Nutzungsrechte an der Wasserleitung rechtmäßig bestehen, hielt die Behörde an ihrem Irrtum fest und versuchte, ohne rechtliche Handhabe dem Beschwerdeführer Bezahlung für einzelne Anteilsrechte aufzudrängen, obwohl der Beschwerdeführer gar nicht die Absicht hatte, seine Wasserleitung zu verkaufen. Mit Recht hat der Beschwerdeführer im Verfahren auf den logischen Widerspruch im Verhalten des Landeshauptmannes hingewiesen. Auch die belangte Behörde hat im Berufungsbescheid diese Rechtslage verkannt, wenn sie auch einen Teil des erstinstanzlichen Bescheides behoben hat.

Was endlich den angefochtenen Bescheid im einzelnen betrifft, ergibt sich folgendes: Dem Beschwerdeführer kann es keinesfalls zum Nachteil gereichen, daß er in der mündlichen Verhandlung vom 25. Juli 1951 mit den übrigen Wasserbezugsinteressenten die Genossenschaft gegründet und erst längere Zeit nach dieser Gründung die Wasserleitung mit Kaufvertrag für sich allein erworben hat. Die belangte Behörde hat übersehen, daß laut Niederschrift diese Gründung und damit auch der Beitritt des Beschwerdeführers an eine sehr wesentliche Voraussetzung geknüpft war, nämlich daran, daß die gegenständliche Wasserleitung nicht mehr der Forstverwaltung gehöre. Wie bereits ausführlich dargelegt, gehörte aber die Wasserleitung noch immer einem Dritten, und der Beschwerdeführer hat dies eben früher als die anderen Genossenschafter und auch die Wasserrechtsbehörde erkannt, folgerichtig gehandelt und, weil ihm ja die Genossenschaft keinen Wasserbezug rechtmäßig sichern konnte, sich durch den Kauf der Wasserleitung anderweitig Sicherheit seines Wasserbezuges verschafft. Die unter anderen sachlichen und rechtlichen Voraussetzungen, insbesondere der erwähnten Bedingung, unterfertigten Satzungen können daher auf den späteren Erwerb der gegenständlichen Wasserleitung durch den Beschwerdeführer keinen Einfluß haben. Trotzdem ergibt sich, daß der Beschwerdeführer mangels des Zutreffens der Voraussetzungen des § 70 Abs. 1 WRG. die Auflösung der Genossenschaft nicht verlangen kann. Im Kommentar (Das Österreichische Wasserrecht, Edmund *Hartig*, Wien 1950) wird zwar die Ansicht vertreten, daß es sich nicht empfehlen dürfte, die Aufzählung (der Auflösungsgründe) als erschöpfend zu betrachten, da zum Beispiel der Wegfall des Zweckes oder die Unmöglichkeit seiner Erreichung wohl auch als Auflösungsgründe angesehen werden müßten. Einer solchen Auslegung kann aber deshalb nicht beigepflichtet werden, weil das Gesetz selbst (§ 70 Abs. 2) solche Auflösungsgründe ausdrücklich nur auf die Auflösung von Zwangsgenossenschaften beschränkt. Hinsichtlich der Abweisung des Auflösungsantrages entsprach mithin der angefochtene Bescheid dem Gesetz, weshalb der Beschwerde in diesem Punkte gemäß § 42 Abs. 1 VwGG. 1952 ein Erfolg versagt werden mußte.

Hingegen erwies sich das Begehren des Beschwerdeführers nach Ausscheidung aus der Wasserwerksgenossenschaft auch gegen den Willen der übrigen Genossenschafter als begründet, weil ihm — wie schon vorhin dargelegt — die Genossenschaft mangels einer ihr zur Verfügung stehenden Wasserversorgungsanlage den erforderlichen Trink- und Nutzwasserbezug gar nicht gewähren konnte und dieser erst durch den Erwerb einer eigenen Anlage mittels Kaufvertrages erreicht wurde.

In der Begründung des angefochtenen Bescheides finden sich noch weitere Feststellungen, mit denen Anträge des Beschwerdeführers erledigt wurden. Sie müssen daher ausdrücklich behandelt werden. Der Ausspruch, daß das ‚Wasserbenutzungsrecht' der Wasserwerksgenossenschaft und niemand anderem zustehe, ist nach dem bereits Gesagten rechtsirrig. Rechtsirrig ist ferner, daß der Beschwerdeführer nur berechtigt sei, die von ihm für die Anlage bezahlten 5000 S auf die übrigen Genossenschafter anteilsmäßig zu verteilen — da keine Enteignung vorliegt, kann der Eigentümer, wenn er verkaufen will, nach seinem Belieben auch einen höheren oder niedrigeren Preis verlangen —, weiters, daß er nicht berechtigt sei, die Anlage oder das Wasser für sich allein zu benutzen, ein anderes Mitglied der Genossenschaft von der gemeinsamen Nutzung auszuschließen oder einen besonderen Anschlußpreis für sich zu verlangen.

Aus all diesen Erwägungen war demnach die Beschwerde, soweit sie sich gegen die Abweisung der vom Beschwerdeführer geforderten Auflösung der Wasserwerksgenossenschaft M. richtete, als unbegründet abzuweisen, im übrigen aber der angefochtene Bescheid gemäß § 42 Abs. 2 lit a VwGG. 1952 wegen Rechtswidrigkeit seines Inhaltes aufzuheben."

Anmerkung: Die Verwaltungsbehörde war der Ansicht gewesen, daß unter den gegebenen Umständen nur eine genossenschaftliche Lösung in der Lage sei, die Wasserversorgungsanlage zur Wahrung aller Interessen entsprechend instand zu halten und zu erweitern. Gleichzeitig sollte damit auch der Wasserbezug für die bereits angeschlossenen Genossenschafter und für die Neusiedler, die von der Schloßverwaltung M. käuflich Baugründe erhalten hatten, gesichert werden. Durch die Gründung der Genossenschaft erschien ferner Gewähr dafür geboten, daß die vorhandenen Quellen sparsam ausgenützt werden, da es nur auf diese Weise möglich ist, alle Mitglieder mit Wasser zu versorgen. Schließlich sollte durch Bildung der Genossenschaft vermieden werden, daß es zu endlosen Streitigkeiten über bestehende und künftige Wasserbezugsrechte käme, da die Neusiedler offenbar keine anderen Bezugsmöglichkeiten für hygienisch einwandfreies Wasser in ausreichender Menge hatten. Auch nach diesem VwGH.-Erkenntnis war die Rechtslage noch keineswegs klar, da der Bescheid vom 14. August 1951 in Rechtskraft erwachsen, die Wasserwerksgenossenschaft gemäß § 63 Rechtspersönlichkeit erlangt hatte und ihr (öffentlich-rechtliches) Wasserbenutzungsrecht in das Wasserbuch eingetragen war. Dieser Bescheid konnte auch nicht „in Wahrheit wirkungslos" bleiben, weil er sogar eine Auflösung der Genossenschaft nach dem Gesetz nicht mehr zuließ. Die Verpflichtung der Verwaltungsbehörden, den der Rechtsanschauung des Verwaltungsgerichtshofes entsprechenden Rechtszustand mit den ihnen zu Gebote stehenden Rechtsmitteln unverzüglich herzustellen, konnte im vorliegenden Falle nur durch Beseitigung des rechtskräftigen Bescheides vom 14. August 1951 erfüllt werden, dem die Wasserwerksgenossenschaft und ihr Wasserbenutzungsrecht die öffentlich-rechtliche Existenz verdanken. Aus dem VwGH.-Erkenntnis geht ja nicht nur hervor, daß die Genossenschaft unter unzutreffenden Voraussetzungen gegründet wurde und rechtsirrigerweise ein öffentlich-rechtliches Wasserbenutzungsrecht verliehen erhalten hat, sondern daß dieser Bescheid auch im Sinne des § 68 Abs. 4 lit. c AVG. tatsächlich undurchführbar ist. Ohne Wasserversorgungsanlage kann weder die Wasserwerksgenossenschaft tätig werden noch ihr (rechtsirrig verliehenes) Wasserbenutzungsrecht ausgeübt werden; die Wasserversorgungsanlage aber gehört dem Beschwerdeführer, der sie nicht in die Genossenschaft einbringen will und dazu offenbar nicht gezwungen werden kann.

Würde die Berufungsbehörde nur die nach den bisherigen Entscheidungen noch offenen Eventualanträge des Berufungswerbers und Beschwerdeführers auf Ausscheidung aus der Genossenschaft behandeln, so würde auf Grund des rechtskräftigen Bescheides aus 1951 die Wasserwerksgenossenschaft mit ihrer öffentlich-rechtlichen Rechtspersönlichkeit und das öffentlich-rechtlich verliehene und im Wasserbuch eingetragene Wasserbenutzungsrecht ohne Anlage und Inhalt weiterbestehen und dem im Besitz des aus der Genossenschaft ausgeschiedenen Beschwerdeführers befindlichen Privatrecht an Wasserleitung und Quellnutzung mit allen sich daraus ergebenden Streitmöglichkeiten weiter gegenüberstehen. Durch die Nichtigerklärung des Bescheides aus 1951 und die damit verbundene Aufhebung der Wasserwerksgenossenschaft und ihres Wasserbenutzungsrechtes wird nicht nur der Rechtsanschauung des Verwaltungsgerichtshofes voll entsprochen, sondern auch das hier rechtsirrig entstandene Neben- und Gegeneinander von öffentlichem und privatem Recht an der Wurzel beseitigt und eine klare Rechtslage wiederhergestellt. Die streitgegenständliche Wasserleitung des Schlosses ist ja an sich eine p r i v a t r e c h t l i c h e Angelegenheit auf Grund von Privatverträgen mit Quellbesitzer und ursprünglichen Anschlußwerbern, in die von der Wasserrechtsbehörde nur bei Vorliegen der im Wasserrechtsgesetz bestimmten Voraussetzungen eingegriffen werden darf. (Bescheid des BM. f. L. u. F. vom 29. März 1957, Zl. 97389/5—34250/57.)

Nr. 53: zu §§ 76 Abs. 3 und 80 WRG.

VwGH. Erk. v. 26. März 1957, Zl. 1897/56, Abweisung einer Beschwerde gegen einen Berufungsbescheid des BM. f. L. u. F.:

Wenn sich ein Mitglied durch den Beschluß einer Genossenschaft in seinen Rechten verletzt erachtet, hat die Wasserrechtsbehörde im Sinne des § 80 zu prüfen, ob die formellen Voraussetzungen für das Zustandekommen eines gültigen Beschlusses gegeben waren und ob der Beschluß den Wirkungsbereich der Genossenschaft bzw. des für sie tätig gewordenen Organes überschreitet oder ob der Beschluß gegen bestehende Vorschriften verstößt. Durch die Neuaufnahme eines Mitgliedes darf den bisherigen Mitgliedern kein wesentlicher Nachteil erwachsen.

In der Vollversammlung der Wasserwerksgenossenschaft G. wurde gegen die Stimme des Beschwerdeführers die Aufnahme des F. B. in die Genossenschaft beschlossen.

„Das Vorbringen der Beschwerdeführer ist dahin zusammenzufassen, daß bei der ungenügenden Ergiebigkeit der bisher erschlossenen Quellen die Neuaufnahme eines Mitgliedes in die Genossenschaft mit Nachteilen für die Beschwerdeführer verbunden sei, so daß die Aufnahme des F. B. nach § 22 der Satzung unzulässig sei. Der Verwaltungsgerichtshof kann sich dieser Rechtsansicht nicht anschließen. Nach § 22 der mit Bescheid des LH. genehmigten Satzung der Wasserwerksgenossenschaft regelt sich die Aufnahme neuer Mitglieder in den Genossenschaftsverband nach § 76 Abs. 3 WRG. Die Genossenschaft ist jedoch nur verpflichtet, Wasser nach Maßgabe der Ergiebigkeit der Wasserspende und nach Maßgabe der Leistungsfähigkeit der Anlage abzugeben bzw. dürfen durch die neuen Anschlüsse den bisherigen Mitgliedern keine Nachteile erwachsen. § 76 Abs. 3 WRG. bestimmt, daß die Genossenschaft verpflichtet ist, im Bereich des genossenschaftlichen Unternehmens befindliche Anlagen und Liegenschaften auf Antrag ihrer Eigentümer aufzunehmen, wenn ihnen durch die Aufnahme wesentliche Vorteile und den bisherigen Mitgliedern keine wesentlichen Nachteile erwachsen können. Aus dieser Rechtslage ergibt sich vor allem, daß die Aufnahme eines neuen Mitgliedes, das Eigentümer einer unverbauten Liegenschaft ist, nicht rechtswidrig sein kann. Im übrigen regeln beide Vorschriften nur die rechtlichen Beziehungen zwischen dem Eigentümer einer im Bereich des genossenschaftlichen Unternehmens befindliche Anlage oder Liegenschaft und der Wasserwerksgenossenschaft. Eine Verletzung dieser Bestimmungen könnte daher nur der Aufnahmewerber geltend machen, wenn seine Aufnahme trotz Vorliegens der geforderten Voraussetzungen von der Genossenschaft abgelehnt würde. Für den vorliegenden Rechtsstreit ist zunächst die Vorschrift des § 27 der Satzung — die ihrerseits wieder auf § 80 Abs. 1 WRG. zurückgeht — von Bedeutung, nach der bei Streitfällen aus dem Genossenschaftsverhältnis zwischen den Mitgliedern untereinander oder zwischen diesen und der Genossenschaft die innerhalb 14 Tage beim Ausschuß der Genossenschaft einzubringende Beschwerde an die Wasserrechtsbehörde offensteht, soweit nicht die Zuständigkeit der gerichtlichen Behörden gegeben ist. Weder die Satzung noch das Wasserrechtsgesetz enthält aber Bestimmungen darüber, nach welchen Gesichtspunkten solche Streitigkeiten von der Behörde zu entscheiden sind. Aus der Berufung der Wasserrechtsbehörde zur Entscheidung von Streitigkeiten aus dem Genossenschaftsverhältnis ergibt sich jedoch, daß in jenen Fällen, in denen sich ein Mitglied durch den Beschluß einer Genossenschaft in seinen Rechten verletzt erachtet, die Wasserrechtsbehörde zu prüfen hat, ob die formellen Voraussetzungen für das Zustandekommen eines gültigen Beschlusses gegeben waren, und, falls dies zutrifft, ob der Beschluß den Wirkungsbereich der Genossenschaft bzw. des namens der Genossenschaft tätig gewordenen Organes überschreitet oder ob der Beschluß gegen bestehende Vorschriften verstößt. Überprüft man den gegenständlichen Rechtsstreit in dieser Hinsicht, so ist folgendes festzustellen:

Wenn die Beschwerdeführer vorbringen, daß das neu aufzunehmende Mitglied bei der Genossenschaftsversammlung anwesend und der Vorsitzende mit Rücksicht auf den Verkauf einer Liegenschaft an den Aufnahmewerber befangen war, so kann hiedurch die Rechtswidrigkeit des Beschlusses nicht dargetan werden. Dieser Beschluß wäre nur dann von einem unrichtig zusammengesetzten Genossenschaftsorgan gefaßt worden, wenn der Aufnahmewerber bei dem Beschluß über seine Aufnahme mitgestimmt hätte. Die Anwesenheit allein verstößt gegen keine Bestimmung der Satzung oder des Wasserrechtsgesetzes. Eine Befangenheit des Vorsitzenden aber würde, selbst dann, wenn letzterer sich aus diesem Grunde der Stimme enthalten hätte, kein anderes Ergebnis gezeitigt haben. Nun muß das Beschwerdevorbringen auch so verstanden werden, daß die Rechtswidrigkeit des Beschlusses der Wasserwerksgenossenschaft sich daraus ergebe, daß dieser Beschluß gegen die Vorschrift des § 22 der Satzung verstoße, derzufolge durch Neuanschlüsse von Mitgliedern den bisherigen Mitgliedern keine Nachteile erwachsen dürfen. In dieser Hinsicht wird in dem angefochtenen Bescheid darauf verwiesen, daß nach dem Ergebnis der örtlichen Berufungsverhandlung sich durch den Anschluß eines neuen Mitgliedes keine wesentlichen Nachteile im Sinne des § 76 Abs. 3 WRG. ergeben. Hiezu bringen die Beschwerdeführer vor, daß nach § 22 der Satzung den Mitgliedern nicht nur keine wesentlichen Nachteile, sondern überhaupt kein Nachteil erwachsen dürfe. Dieser Ansicht vermag der Verwaltungsgerichtshof nicht zu folgen. Bei der Bestimmung des letzten Halbsatzes des § 22 der Satzung, wonach durch Neuanschlüsse den bisherigen Mitgliedern keine Nachteile erwachsen dürfen, handelt es sich um die gleiche Vorschrift, die im § 76 Abs. 3 WRG. enthalten ist, derzufolge durch die Neuaufnahme den bisherigen Mitgliedern keine w e s e n t l i c h e n Nachteile erwachsen dürfen. Zunächst deswegen, weil § 22 der Satzung eingangs ausdrücklich vorsieht, daß sich die Aufnahme neuer Mitglieder nach § 76 Abs. 3 WRG. regelt. Des weiteren aber aus der Erwägung, daß es nicht Sinn der vorangeführten Bestimmung des § 22 der Satzung sein kann, die Neuaufnahme schon immer dann als unzulässig erscheinen zu lassen, wenn den bisherigen Mitgliedern hiedurch überhaupt irgendein Nachteil entsteht, auch wenn dieser noch so unbedeutend ist. Bei der von den Beschwerdeführern vorgenommenen Auslegung des § 22 der Satzung wäre eine Neuaufnahme von Mitgliedern wohl überhaupt nicht möglich. Daß aber den Beschwerdeführern ein wesentlicher Nachteil durch die Neuaufnahme des F. B. erwächst, ist im Verwaltungsverfahren nicht hervorgekommen. Denn die Beschwerdeführer haben in ihrer Beschwerde den Feststellungen der belangten Behörde nicht widersprochen, daß die

Beschränkung des Wasserbezuges für F. B. auf 200 l täglich einem Wert von 0.0022 l/s entspreche, der als Wasserverlust auch durch einen undichten Wasserhahn entstehen könne."

Nr. 54: zu § 78 WRG.

Berufungsentscheidung des BM. f. L. u. F. v. 27. März 1957, Zl. 98060/2—27569/57:

Ein aus Gemeinden gebildeter Wasserverband besitzt eine von seinen Mitgliedsgemeinden getrennte Rechtspersönlichkeit. Daher ist ein rechtmäßig zustande gekommener Beschluß seiner Organe nicht von der nachträglichen Zustimmung der Mitgliedsgemeinden abhängig, sondern für diese verpflichtend.

„Gemäß § 78 WRG. können Wasserverbände an Stelle von Genossenschaften auf Grund freiwilliger Vereinbarungen durch wasserrechtsbehördliche Genehmigung der vereinbarten Satzungen gebildet werden.

Die vereinbarten Satzungen haben hier den Bestimmungen des § 78 Abs. 3 WRG. entsprechend die Kosten für die dem Zweck des Wasserverbandes dienenden Maßnahmen auf die drei Gemeinden als seine Mitglieder in einem bestimmten Verhältnis aufgeteilt. Diese Satzungen wurden mit Bescheid des Landeshauptmannes genehmigt. Damit hat der Wasserverband eigene (von seinen Mitgliedern getrennte) Rechtspersönlichkeit erlangt; er handelt nunmehr durch s e i n e Organe, hier somit durch den Ausschuß, der sich aus Vertretern der drei Gemeinden zusammensetzt und dessen auch nach außen wirksame Willensbildung — auch gegenüber den Mitgliedsgemeinden — durch satzungsgemäße Beschlüsse zustande kommt. Eine nachträgliche Zustimmung der entsendenden Gemeinden zu der zur internen Willensbildung des Ausschusses erforderlichen Stimmenabgabe ihrer Vertreter ist nicht vorgesehen. In wichtigen Fragen haben eben die Gemeindevertreter rechtzeitig vor Sitzungen die Weisungen ihres Gemeinderates einzuholen oder aber, falls dies unterlassen wurde oder nicht möglich war, bei der Abgabe ihrer Stimmen hieraus die entsprechenden Folgerungen zu ziehen bzw. die Vertagung der Sitzung zu beantragen."

Nr. 55: zu § 80 WRG.

VwGH. Erk. v. 6. Juni 1957, Zl. 457/57, Aufhebung eines Berufungsbescheides des BM. f. L. u. F.:

Wenn die Einholung eines Sachverständigengutachtens für die Entscheidung nicht notwendig ist, dürfen seine Kosten auch dem Antragsteller nicht als Barauslagen im Sinne des § 76 AVG. vorgeschrieben werden. Die Entrichtung von Stempelgebühren ist nicht Gegenstand des Verwaltungsverfahrens.

„Gemäß § 37 AVG. 1950 ist es Zweck des Ermittlungsverfahrens, den für die Erledigung einer Verwaltungssache maßgebenden Sachverhalt festzustellen. Die Beschwerdeführer haben nun in ihrer Eingabe die Feststellung begehrt, daß sie nicht Mitglieder der Wasserwerksgenossenschaft seien. Der als Erstbehörde eingeschrittene Landeshauptmann hat den Antrag im Sinne der Beschwerdeführer erledigt und in der Tat die Feststellung getroffen, daß die Beschwerdeführer nicht Mitglieder der Genossenschaft sind. Er ist hiebei davon ausgegangen, daß die Beschwerdeführer in der wasserrechtlichen Verhandlung, also vor Rechtskraft des die Satzungen der Wasserwerksgenossenschaft genehmigenden Bescheides, in einer alle Zweifel ausschließenden Weise ihren Willen kundgetan haben, der Wasserwerksgenossenschaft nicht als Mitglied angehören zu wollen, und daß die Anhänger der Wasserwerksgenossenschaft an diesem Tage diese Willensäußerung der Beschwerdeführer ‚zur Kenntnis genommen‘ haben. Die Erstinstanz hat aus diesem Sachverhalt die rechtliche Folgerung gezogen, daß die Beschwerdeführer rechtzeitig, d. h. vor Rechtskraft des die Satzungen der Wasserwerksgenossenschaft genehmigenden Bescheides ihren Rücktritt erklärt haben und somit trotz der nachgewiesenen Unterschriftsleistungen auf den Satzungsformularen und trotz des Umstandes, daß diese Unterschriftsleistungen als Beitrittserklärungen zu gelten hätten, dennoch nicht als Mitglieder der Wasserwerksgenossenschaft anzusehen seien.

Für die so getroffene Entscheidung war es daher belanglos, ob die Unterschriften der Beschwerdeführer auf den Satzungsexemplaren echt waren oder nicht und ob etwa jene Unterschriftsblätter, von denen die Beschwerdeführer behauptet haben, sie hätten diese in leerem Zustande unterschrieben, später den Satzungsexemplaren angeklebt oder sonstwie angefügt worden sind oder nicht. Da es der Verwaltungsbehörde obliegt, den Gang des Verwaltungsverfahrens zu bestimmen (§ 39 Abs. 2 AVG. 1950), hätte die Erstinstanz zu prüfen gehabt, ob — trotz des von den Beschwerdeführern gestellten Antrages auf Einholung eines Sachverständigengutachtens — die Durchführung eines solchen Beweises n o t w e n d i g war. Denn zeitgemäße Verwaltungsgrundsätze gebieten, daß das Ermittlungsverfahren nicht nur gründlich, sondern auch ökonomisch, d. h. mit möglichst wenig Aufwand an Zeit und Kosten, durchgeführt wird. Von diesem Gesichtspunkt aus betrachtet, war es aber im vorliegenden Falle nicht notwendig, ein Sachverständigengutachten einzuholen, zumal die belangte Behörde im angefochtenen Bescheide selbst einräumt, daß die Feststellung der ‚Nichtmitgliedschaft‘ der Beschwerdeführer zur Wasserwerksgenossenschaft nicht etwa auf Grund der Feststellung erfolgt sei, daß die Unterschriften nicht echt seien, sondern auf Grund ganz anderer Tatsachen, die mit der Abgabe der Unterschriften auf den Satzungsexemplaren in keinem Zusammenhang stehen. Insoweit kann aber im

Sinne des § 76 AVG. 1950 nicht mehr davon gesprochen werden, daß der Behörde bei der von ihr durchgeführten Amtshandlung Barauslagen ,erwachsen' sind, für die im allgemeinen die Partei aufzukommen hat, die um die Amtshandlung angesucht hat. Die Barauslagen für das Gutachten des Schriftsachverständigen sind den Beschwerdeführern daher zu Unrecht auferlegt worden. Da im übrigen auch die Amtshandlung der Erstinstanz am 28. Februar 1956, wie die Verwaltungsakten aufzeigen, ausschließlich nur zu dem Zweck durchgeführt worden ist, um die Echtheit der Unterschriften festzustellen, gilt hinsichtlich der den Beschwerdeführern auferlegten Kosten an Pauschgebühren das gleiche. Die Erstinstanz hätte zu dem für ihre Entscheidung maßgeblichen Sachverhalt auch ohne die auswärtige Amtsverrichtung vom 28. Februar 1956 kommen können, da auch von Seite der Wasserwerksgenossenschaft eingeräumt worden ist, daß die Beschwerdeführer bei der Wasserrechtsverhandlung ,verlauten' haben lassen, daß ,sie nicht dabei seien und sein wollen'. Jedenfalls aber bedurfte es bei der von der Behörde getroffenen Entscheidung, wie dies aus dem oben Gesagten bereits hervorgeht, nicht mehr dieser weiteren Amtshandlung. Mithin sind auch die Pauschgebühren den Beschwerdeführern zu Unrecht auferlegt worden.

Was schließlich die den Beschwerdeführern auferlegten Kosten für die Stempelung von Niederschriften anlangt, so hat die belangte Behörde völlig übersehen, daß nach § 76 AVG. nur Barauslagen, nach § 77 AVG. nur Kommissionsgebühren vorgeschrieben werden können und daß die Verpflichtung zur Entrichtung von Stempelgebühren in diesen Bestimmungen überhaupt nicht geregelt ist. Die Entrichtung von Stempelgebühren richtet sich vielmehr nach den Vorschriften des Gebührengesetzes, BGBl. Nr. 184/1946 in der derzeit geltenden Fassung, sie ist daher nicht Gegenstand des Verwaltungsverfahrens."

Nr. 56: zu § 82 WRG.

Berufungsentscheidung des BM. f. L. u. F. v. 1. Juni 1956, Zl. 98022/1—47917/56:

Zur wasserrechtlichen Bewilligung von Badehütten, Bootsstegen und ähnlichen keiner Bewilligung der Schiffahrtsbehörde unterliegenden Einbauten an einem See ist die Bezirksverwaltungsbehörde zuständig.

„Gemäß § 82 Abs. 1 lit. a WRG. ist der Landeshauptmann in erster Instanz für alle f l i e ß e n d e n Gewässer zuständig, die unter § 2 Abs. 1 lit. a WRG. fallen (Kataloggewässer). Nach dieser Gesetzesstelle ist die Zuständigkeit des Landeshauptmannes in erster Instanz für einen im Anhang A aufgezählten S e e nicht gegeben, da ein See zu den stehenden Gewässern zählt. Auch nach § 82 Abs. 1 lit. e WRG. (im Zusammenhalt mit § 6 des Binnenschiffahrtsverwaltungsgesetzes, BGBl. Nr. 550/1935) ist der Landeshauptmann für die vorliegende Bewilligung zum Einbau von Bootsständen nicht zuständig. Nach dem Binnenschiffahrtsverwaltungsgesetz bedarf die Errichtung, Änderung und Auflassung von Häfen und Landungsplätzen für die Schiff- oder Floßfahrt sowie von anderen, diesen Zwecken dienenden Anlagen außer der etwa erforderlichen wasserrechtlichen Bewilligung auch einer Bewilligung der Schiffahrtsbehörde. Anlagen der gegenständlichen Art in einem See (Boots- und Badehütten sowie Stege) sind aber — nach hergestelltem Einvernehmen mit dem Bundesministerium für Verkehr und verstaatlichte Betriebe, Amt für Schiffahrt — nur dann als Anlagen im Sinne des § 6 BSVG. und sohin als schiffahrtsrechtlich bewilligungspflichtig anzusehen, wenn sie auch nur zum Teil oder nur zeitweise Verwendung für die Ausübung eines Schiffahrtsbetriebes finden oder finden sollen, der nach § 2 BSVG. einer Konzession oder nach § 3 des erwähnten Gesetzes einer Bewilligung der Schiffahrtsbehörde bedarf. Da nach der Aktenlage diese Voraussetzung nicht vorliegt und daher der Steg schiffahrtsrechtlich nicht als bewilligungspflichtig angesehen werden kann, ist auch die Zuständigkeit des Landeshauptmannes nach § 82 Abs. 1 lit. e WRG. nicht gegeben."

Nr. 57: zu §§ 82 und 61 WRG.

VwGH. Erk. v. 28. Mai 1956, Zl. 236/55, Slg. N. F. Nr. 4077 (A), Aufhebung eines Berufungsbescheides des BM. f. L. u. F.:

Die Bestimmung des § 82 Abs. 1 lit. c WRG., wonach der Landeshauptmann in erster Instanz für Entwässerungsanlagen zuständig ist, deren Umfang über den Bedarf bäuerlicher und kleingewerblicher Betriebe oder einzelner Siedlungen hinausgeht, hat nicht den Umfang des Bedarfes eines einzelnen bäuerlichen Betriebes ins Auge gefaßt, sondern den Umfang des Bedarfes bei bäuerlichen Betrieben schlechthin. Demnach ist für Entwässerungsanlagen von bloß örtlicher Bedeutung die Bezirksverwaltungsbehörde zuständig.

„Der Verwaltungsgerichtshof hatte zunächst den von den Beschwerdeführern erhobenen Einwand der Unzuständigkeit des Landeshauptmannes als Entscheidungsbehörde erster Instanz zu behandeln. Gemäß § 82 Abs. 1 lit. c WRG. ist der Landeshauptmann in erster Instanz für Entwässerungsanlagen zuständig, deren Umfang über den Bedarf bäuerlicher und kleingewerblicher Betriebe oder einzelner Siedlungen hinausgeht. Im angefochtenen Bescheid hat sich die belangte Behörde auf den Standpunkt gestellt, daß die Zuständigkeit des Landeshauptmannes deshalb gegeben gewesen sei, weil sich das Projekt über mehrere bäuerliche Betriebe erstrecke und daher über den durchschnittlichen Umfang des Bedarfes eines einzelnen bäuerlichen Betriebes hinausgehe. Dieser Argumentation vermag sich der Verwaltungsgerichtshof nicht anzuschließen. Die belangte Behörde übersieht, daß die Bestimmung des § 82 Abs. 1 lit. c WRG. nicht den Umfang des Bedarfes eines e i n z e l n e n bäuerlichen Betriebes ins Auge gefaßt hat, sondern den Umfang, der bei bäuerlichen Betrieben schlechthin in Betracht kommt. Dies bezeugt insbesondere der Umstand, daß das Gesetz ausdrücklich von dem Bedarf ‚bäuerlicher Betriebe‘, also einer Mehrzahl spricht, und sich sogar auf Siedlungen, somit gleichfalls auf einen Pluralitätsbegriff, bezieht. Daß es sich vorliegend um eine Entwässerungsanlage handelt, die über den normalen Bedarf bäuerlicher Betriebe hinausgeht, ist nach der Aktenlage nicht anzunehmen. Auch der in der Gegenschrift der belangten Behörde enthaltene Hinweis darauf, daß die hier in Betracht kommende Grundfläche über 2 ha betrage, vermag keine andere Beurteilung des Sachverhaltes zu bewirken, da dieses Ausmaß im Bereiche bäuerlicher Betriebe nicht als unverhältnismäßig groß angesehen werden kann. Endlich sei in diesem Zusammenhange auch noch auf die Erläuternden Bemerkungen der Regierungsvorlage zur Wasserrechtsnovelle 1947 (298 der Beilagen zu den stenographischen Protokollen des Nationalrates V. G. P.) verwiesen, denen zufolge die Neuformulierung des Absatzes 1 des § 82 WRG. insbesondere dazu bestimmt war, Wassersachen von b l o ß ö r t l i c h e r Bedeutung wieder in die Zuständigkeit der Bezirksverwaltungsbehörde zurückzuführen. Daß es sich hier um eine Anlage handle, die über eine örtliche Bedeutung hinausgeht, hat auch die Behörde nicht behauptet, und es lassen sich diesbezüglich auch keine verwertbaren Anhaltspunkte in den Verwaltungsakten finden.

Lediglich zur Information sei abschließend noch bemerkt, daß der angefochtene Bescheid in der Frage der Einbeziehung des Grundstückes der Beschwerdeführer in die Wassergenossenschaft insofern mangelhaft erscheint, als er nicht in schlüssiger Weise darlegt, inwiefern der Voraussetzung des § 61 Abs. 4 WRG. entsprochen wurde, daß nämlich den Beschwerdeführern durch die Einbeziehung ihres Grundstückes ein N u t z e n erwachse. Bei der Frage, ob im gegebenen Falle ein Nutzen bestehe, ist jedenfalls auch zu beachten, inwieweit die von den Eigentümern des Grundstückes zu übernehmenden Lasten die Bodenverbesserung noch rentabel erscheinen lassen. In dieser Hinsicht läßt der angefochtene Bescheid nähere Ausführungen vermissen.“

Nr. 58: zu §§ 83 und 123 Z. 15 WRG.

Erk. des VerfGH. v. 11. Dezember 1957, Zl. B 54/57, Abweisung einer Beschwerde gegen einen Bewilligungsbescheid des BM. f. L. u. F.:

Gleich welchen Inhalt die „Legalkonzession“ zur Ausnützung der Wasserkräfte der Donau auf oberösterreichischem Gebiet, o. ö. LG. u. VBl. Nr. 148/1919, hat, ist das Land Oberösterreich durch die wasserrechtliche Bewilligung des Kraftwerkes Ybbs-Persenbeug in seinem verfassungsgesetzlich gewährleisteten Recht auf das Verfahren vor dem gesetzlichen Richter nicht verletzt worden, weil das BM. f. L. u. F. zur Erlassung des be-

kämpften Bescheides zuständig war und dem Bescheid auch keinen Inhalt gegeben hat, für den im Gesetz überhaupt keine Grundlage vorhanden gewesen wäre.

„Das Land Oberösterreich bekämpft mit einer auf Art. 144 B.-VG. gestützten Beschwerde einen Bescheid des Bundesministeriums für Land- und Forstwirtschaft, mit dem der Österreichischen Donaukraftwerke A.G. die wasserrechtliche Bewilligung zur Errichtung des Kraftwerkes Ybbs-Persenbeug erteilt wurde, wobei durch die Bewilligung auch die Donau in ihrem oberösterreichischen Teil erfaßt ist. Das Land Oberösterreich behauptet, dadurch in seinem verfassungsgesetzlich gewährleisteten Recht auf das Verfahren vor dem gesetzlichen Richter verletzt worden zu sein, weil es auf Grund des Gesetzes vom 18. August 1919, o.-ö. LG. u. VBl. Nr. 148, eine ‚Legalkonzession‘ zur Ausnützung der Wasserkräfte der Donau auf oberösterreichischem Gebiete besitze, die ihm nur der Gesetzgeber entziehen könne.

Der Verfassungsgerichtshof kann jedoch dieser Rechtsmeinung nicht zustimmen. . . .

Im Streitfall kommt es im Sinne der Rechtsprechung des Verfassungsgerichtshofes zu Art. 83 Abs. 2 B.-VG. für die verfassungsgerichtliche Überprüfung darauf an, ob sich der Bundesminister für Land- und Forstwirtschaft eine Zuständigkeit angemaßt hat, die ihm nicht zusteht, im besonderen, ob er eine Zuständigkeit ausgeübt hat, für die im Gesetz überhaupt keine Grundlage gegeben ist. . . .

Das Land Oberösterreich bestreitet nun nicht die Zuständigkeit der belangten Behörde zur Entscheidung über das wasserrechtliche Vorhaben ‚Donaukraftwerk Ybbs-Persenbeug‘ überhaupt, behauptet jedoch, daß die Behörde nicht zuständig gewesen sei, die Bewilligung insoweit zu erteilen, als es sich um Anlagen im oberösterreichischen Lauf der Donau handelt. Da nämlich das Land auf Grund des nunmehr als Bundesgesetz in Kraft stehenden Gesetzes vom 18. August 1919, o.-ö. LG. u. VBl. Nr. 148, die Bewilligung zur Ausführung und zum Betrieb aller Anlagen für Ausnutzung der Wasserkräfte der Donau auf oberösterreichischem Gebiet besitze, dürfe derzeit keine Verwaltungsbehörde eine Bewilligung erteilen, die in diese ‚Legalkonzession‘ eingreife. Nach Ansicht des beschwerdeführenden Landes Oberösterreich ist es dem Gesetzgeber allein vorbehalten, eine solche Verfügung zu treffen. Da aber die belangte Behörde mit ihrem Bescheid in die ‚Legalkonzession‘ des Landes Oberösterreich eingegriffen habe, habe sie sich eine Zuständigkeit angemaßt, für die im Gesetz überhaupt keine Grundlage bestehe.

Auszugehen ist vom Wasserrechtsgesetz, das in zahlreichen Bestimmungen, vor allem in den §§ 93 ff. den Abspruch über Ansprüche und Einwendungen Dritter, soweit es sich nicht um solche privatrechtlicher Art handelt, zu einer Hauptaufgabe der Wasserrechtsbehörde anläßlich der wasserrechtlichen Bewilligung eines Vorhabens macht. Allgemein gesprochen ergibt sich aus dem WRG. die Zuständigkeit der Wasserrechtsbehörde, anläßlich der Bewilligung eines Vorhabens bescheidmäßig über den Widerstreit des neuen Vorhabens mit schon vorhandenen Berechtigungen abzusprechen, soweit es sich nicht um Einwendungen handelt, die auf einen Privatrechtstitel begründet sind; doch liegt ein solcher im Streitfall gewiß nicht vor. Demnach wird die Behörde die Bewilligung etwa verweigern oder unter Einräumung von Zwangsrechten, unter Vorschreibung von Bedingungen oder einer Entschädigung oder aber unter Abweisung der Einwendungen erteilen können. Alles das ist möglicher Inhalt des Bescheides, zu dessen Gestaltung die Behörde im Gesetz berufen worden ist.

Dies gilt auch für den Streitfall, wobei es nach Ansicht des Gerichtshofes nicht darauf ankommt, welchen Inhalt die ‚Legalkonzession‘ hat; denn selbst wenn man die ‚Legalkonzession‘ als eine bereits voll aktualisierte Berechtigung ansehen wollte, wäre nur die Wasserrechtsbehörde zur Entscheidung der Auseinandersetzung zwischen dem Antragsteller für die neue Berechtigung und dem Träger der alten ‚Legalkonzession‘ zuständig. Daran ändert auch nichts die Entstehung der älteren Berechtigung. Mag die ältere Berechtigung auf welchem öffentlich-rechtlichen Titel immer beruhen, in jedem Fall ist die Wasserrechtsbehörde zum Abspruch über den Antrag auf Erteilung einer neuen Bewilligung und damit auch zur Entscheidung über widerstreitende Rechte berufen. Wenn daher die Behörde bestehende Rechte verletzt haben sollte, wäre wohl der Inhalt ihres Bescheides rechtswidrig, die Zuständigkeitsvorschriften, im weiteren das Recht auf den gesetzlichen Richter, hat sie nicht verletzt.

Den Gründen des beschwerdeführenden Landes Oberösterreich könnte nur in dem Fall gefolgt werden, wenn infolge der von ihm behaupteten ‚Legalkonzession‘ die Erteilung einer Bewilligung an jeden anderen Bewerber als denkunwürdig ausgeschlossen wäre. Der Wortlaut des Gesetzes bietet jedoch dafür keinen Anhaltspunkt. Geht man aber davon aus, so bleibt nur die Frage offen, ob die Wasserrechtsbehörde die ihr aus dem Wasserrechtsgesetz zukommende Verpflichtung zur Auseinandersetzung mit einer etwa bestehenden Berechtigung erfüllt hat. Sie kann sich in dieser Richtung immerhin auf die Begründung des angefochtenen Bescheides berufen.

Für diese verfassungsrechtlichen Erwägungen ist es gleichgültig, ob dem Gesetz o.-ö. LG. u. VBl. Nr. 148/1919 durch spätere Vorschriften, insbesondere durch das 2. Verstaatlichungsgesetz ganz oder zum Teil derogiert worden ist; ebenso gleichgültig ist der wahre Inhalt der etwa noch bestehenden ‚Legalkonzession‘; und schließlich gilt dasselbe für die Frage, ob die Behörde das durch Gesetz geschaffene Recht des Landes Oberösterreich von Amts wegen hätte beachten müssen, oder ob es vom

Land Oberösterreich hätte ausdrücklich geltend gemacht werden müssen und ob das geschehen ist. Die Beantwortung aller dieser Fragen trägt nichts zur Lösung des verfassungsrechtlichen Problems bei. Der Verfassungsgerichtshof hat sich daher mit ihnen nicht auseinandergesetzt.

Aus allen diesen Erwägungen ergibt sich, daß der Bundesminister für Land- und Forstwirtschaft zur Erlassung des bekämpften Bescheides zuständig war und dem Bescheid auch keinen Inhalt gegeben hat, für den im Gesetz überhaupt keine Grundlage vorhanden gewesen wäre. Das Recht des Landes Oberösterreich auf das Verfahren vor dem gesetzlichen Richter ist daher nicht verletzt, weshalb die Beschwerde als unbegründet abzuweisen war."

Nr. 59: zu § 84 Abs. 1 WRG.

VwGH. Erk. v. 23. Februar 1956, Zl. 3064/54, Slg. N. F. Nr. 3991 (A), Abweisung einer Beschwerde gegen einen Berufungsbescheid des BM. f. L. u. F.:

In einem Verfahren, in welchem dem Eigentümer einer Brücke die Abtragung auferlegt wurde, haben die Brückenbenützer keine Parteistellung, sofern nicht eine Beschränkung ihres Rechtsbereiches angenommen werden kann.

Der LH. hatte die Eigentümer des Schlosses E. verpflichtet, die im Anschluß an die Wegparzelle Nr. 411/2 über den G.-Bach führende baufällige Holzbrücke (Schloßbrücke) abzutragen. Gegen diesen Bescheid haben die Beschwerdeführer Berufung erhoben und darin geltend gemacht, daß sie durch die Abtragung der Brücke insofern in ihren Interessen verletzt werden, als diese Brücke bisher dazu diente, den Verkehr über den G.-Bach zwischen der den Beschwerdeführern gehörigen Liegenschaft und der Landesstraße aufrechtzuerhalten. Auf der zur Brücke führenden Wegparzelle bestehe für die Beschwerdeführer die Servitut zu gehen, zu reiten und zu fahren.

„In der Beschwerde wird geltend gemacht, daß die belangte Behörde zu Unrecht die Parteistellung der Beschwerdeführer abgelehnt habe. Sie seien durch die Abtragung der Brücke zu einer ‚Duldung‘ und auch zu einer ‚Unterlassung‘ verpflichtet worden, weshalb ihnen gemäß § 84 Abs. 1 lit. b WRG. Parteistellung zukomme. Diese Ansicht ist irrig. Der mit der Abtragung der baufälligen Schloßbrücke verbundene Ausschluß der Beschwerdeführer von der weiteren Benützung dieser Brücke läßt sich weder als eine ‚Duldung‘ noch als eine ‚Unterlassung‘ im Sinne des § 84 Abs. 1 lit. b WRG. qualifizieren, weil eine solche ‚Duldung bzw. Unterlassung‘ begrifflicherweise nur im Falle einer Beschränkung des Rechtsbereiches des Beteiligten angenommen werden kann. Die Tatsache der Brückenbenützung allein kann nicht zum Rechtsbereich der Beschwerdeführer gezählt werden, zumal sie selbst eingeräumt haben, daß ihnen ein Wegservitut nur auf dem zur Brücke führenden Weg zustehe. Auch der Hinweis der Beschwerdeführer darauf, daß die Brücke zum öffentlichen Wassergut gehöre, vermag ein rechtliches Interesse der Beschwerdeführer an der Erhaltung dieses Objektes nicht darzutun. Es könnte sich hier lediglich um faktische Interessen handeln, ähnlich denen, die die Einwohner einer Gemeinde bezüglich des Gemeingebrauches an Wasser haben. Faktische Interessen begründen aber grundsätzlich keine Parteistellung. Unter diesem Gesichtspunkte erscheinen auch die Ausführungen der Beschwerdeführer bezüglich einer unzulänglichen Klarstellung der Eigentumsverhältnisse an der Brücke als rechtlich bedeutungslos.

Die belangte Behörde war sohin im Recht, wenn sie den Beschwerdeführern die Parteistellung absprach und deren Berufung als unzulässig zurückwies."

Nr. 60: zu § 84 Abs. 2 WRG.

VwGH. Erk. v. 4. April 1957, Zl. 2115/56, Abweisung einer Beschwerde gegen einen Berufungsbescheid des BM. f. L. u. F.:

Ein Vorbringen, das auf ein behauptetes Wasserbenutzungsrecht gestützt wird, ohne daß dieses Recht im Wasserbuch eingetragen oder zur Eintragung angemeldet ist, muß mangels Parteistellung als unzulässig zurückgewiesen werden.

„Durch den Bescheid der Wasserrechtsbehörde erster Instanz wurde das Verlangen der Beschwerdeführerin nach einem kostenlosen Anschluß an die geplante Kanalisationsanlage, nach Zuschüttung und Einebnung des S-Baches sowie nach Isolierung des Hauses im Bereich der Zuschüttung ab- bzw. zurückgewiesen. Diese Erledigung des Parteibegehrens entspricht nicht in jeder Hinsicht der bestehenden Rechtslage. Denn ein Parteibegehren kann nur entweder ab- oder zurückgewiesen werden, falls das Parteibegehren aber mehrere Anträge zum Inhalt hat, dann muß die Entscheidung der Behörde erkennen lassen, welcher Antrag ab- und welcher zurückgewiesen wird. Nun ist in der Begründung des erstinstanzlichen Bescheides ausgeführt, daß die Beschwerdeführerin nicht in der Lage war, anläßlich der wasserrechtlichen Verhandlung den Nachweis zu erbringen, daß sie ein Wasserrecht zur Ableitung der in ihrer Liegenschaft anfallenden Abwässer in den S-Bach besitze, noch daß ein Antrag wegen Eintragung eines solchen Rechtes bei der Wasserrechtsbehörde rechtzeitig gestellt worden sei. Diese Feststellungen hat die Beschwerdeführerin weder im Verwaltungsverfahren noch in der Beschwerde bestritten. Die vorstehenden Ausführungen in dem erstinstanzlichen Bescheid lassen erkennen, daß die Behörde bei der Erledigung des Parteibegehrens die Vorschrift des § 84 Abs. 2 Wasserrechtsgesetz im Auge gehabt hat, wonach derjenige, der in einem wasserrechtlichen Verfahren die Stellung als Partei auf Grund eines Wasserbenutzungsrechtes beantragt, bei sonstigem Verlust dieses Anspruches seine Eintragung im Wasserbuch darzutun oder den Nachweis zu erbringen hat, daß ein entsprechender Antrag an die Wasserbuchbehörde gestellt wurde. Hierauf ist bei Anberaumung einer mündlichen Verhandlung ausdrücklich hinzuweisen. Die Akten des Verwaltungsverfahrens zeigen, daß die Kundmachung über die mündliche Verhandlung, die auch der Beschwerdeführerin zugestellt wurde, diesen Hinweis enthält. Da die Beschwerdeführerin ihr oben angeführtes Verlangen lediglich auf ihr behauptetes Recht auf Ableitung der Abwässer in den S-Bach gestützt hat, stand ihr in dem abgeführten wasserrechtlichen Verfahren zufolge der Vorschrift des § 84 Abs. 2 WRG. eine Parteistellung nicht zu. Ihr Vorbringen mußte daher, unabhängig von seinem Inhalte, als unzulässig zurückgewiesen werden. Wenn sonach die belangte Behörde, wenn auch mit einer anderen Begründung, die gegen den erstinstanzlichen Bescheid eingebrachte Berufung als unbegründet abgewiesen hat, konnte die Beschwerdeführerin dadurch in einem Recht nicht verletzt sein."

Nr. 61: zu § 87 WRG.

VwGH. Erk. v. 12. April 1956, Zl. 784/54, Slg. N. F. Nr. 4036 (A), Abweisung einer Beschwerde gegen einen Berufungsbescheid des BM. f. L. u. F.:

Wenn die Behörde bei Prüfung der Zulässigkeit einer projektierten Wasserkraftanlage vom Standpunkt der zu wahrenden öffentlichen Interessen den Interessen der Landwirtschaft an der Bodenverbesserung gegenüber anderen Interessen den Vorzug gibt, dann kann darin ein Handeln gegen den Gesetzessinn nicht erblickt werden.

„Nach der von der belangten Behörde herangezogenen Bestimmung des § 87 lit. c WRG. kann im öffentlichen Interesse ein Unternehmen dann als unzulässig angesehen werden, wenn es mit bestehenden oder in Aussicht genommenen Regulierungen von Gewässern nicht in Einklang steht. Der Beschwerdeführer bestreitet nun, daß von einer ‚in Aussicht genommenen Regulierung‘ gesprochen werden kann, da er nach seiner Auffassung Eigentum an der Wehranlage habe und eine Regelung der Abflußverhältnisse durch Beseitigung der Anlage ohne seine Zustimmung, die er nicht geben werde, nicht möglich sei. Dieser Einwand entbehrt schon deshalb der Berechtigung, weil hinderliche privatrechtliche Umstände durch Ausübung von Zwangsrechten im Sinne der §§ 47 ff. WRG. beseitigt werden können. Weiters bestreitet der Beschwerdeführer, daß öffentliche Interessen gegen die Bewilligung seines Ansuchens sprächen, daß sein Projekt insofern volkswirtschaftliche Bedeutung habe, als es eine beträchtliche Menge elektrischen Stromes erzeugen und dadurch die elektrische Verbundwirtschaft entlasten könnte. Hiezu ist zu sagen, daß dem Vorhaben des Beschwerdeführers wohl auch zuzubilligen ist, daß es gewissen öffentlichen Interessen entspreche. Anderseits kann aber der Behörde nicht der Vorwurf rechtswidrigen Handelns gemacht werden, wenn sie die Interessen der Landwirtschaft an der Bodenverbesserung in den Vordergrund gestellt hat. Es handelt sich hier um eine Interessenabwägung, die letzten Endes auf eine entsprechende Auslegung des unbestimmten Gesetzesausdruckes ‚öffentliche Interessen‘ unter Annahme einer gewissen Rangordnung der zu berücksichtigenden Elemente hinausläuft und vom Verwaltungsgerichtshof nur dann beanständet werden könnte, wenn ein Verstoß gegen den Gesetzessinn zu erblicken wäre."

Nr. 62: zu §§ 88 und 121 WRG.

Berufungsentscheidung des BM. f. L. u. F. v. 31. Jänner 1955, Zl. 97486/3—84980/54:

Die wasserrechtliche Bewilligung zur Einbringung von ungenügend ge-reinigten Abwässern ist zu versagen, wenn die dadurch bewirkte Gewässer-verunreinigung zu einem sanitär untragbaren Zustand führt.

Der LH. hat das Ansuchen um nachträgliche Bewilligung der bestehenden Abwassereinleitung aus dem Fabriksbetriebe in den F.-Bach auf Grund des Ergebnisses der vorläufigen Überprüfung (§ 88 WRG.) abgewiesen. Unter einem wurde die Firma gemäß § 121 WRG. verpflichtet, frist-gerecht ein geeignetes Projekt für die Reinigung und Klärung der Betriebs- und Fäkalabwässer vorzulegen.

„Ein Ansuchen um Erteilung einer wasserrechtlichen Bewilligung ist gemäß § 88 WRG. dann abzuweisen, wenn sich schon aus den nach § 86 WRG. durchzuführenden Erhebungen auf unzweifelhafte Weise ergibt, daß das betreffende Projekt aus öffentlichen Rücksichten unzu-lässig ist.

Wie nun der angefochtene Bescheid durchaus zutreffend feststellt, hat das von der Behörde erster Instanz im Zuge der vorläufigen Über-prüfung des Projektes eingeholte ausführliche und der Berufungswerberin zur Kenntnis gebrachte Gutachten zweifelsfrei ergeben, daß die beste-hende Abwasserbeseitigung gesetzwidrig und mit dem öffentlichen Inter-esse nicht vereinbar, daher unzulässig ist.

Das erwähnte Gutachten blieb in der Berufung unangefochten. Es berücksichtigt die in der Berufung angeführte Vermischung der Abwässer mit Frischwasser, kommt aber nichtsdestoweniger zu dem Schluß, daß dieses konzentrierte Abwasser den F-Bach zu einem ausgesprochenen Ab-wassergerinne umwandelt. Während der Bach 20 m oberhalb des Werkes bei einer artenreichen Bachlebensgemeinschaft nur wenig Schmutzstoffe führt, ist er 50 m unterhalb des Betriebes durch seine Vermischung mit den Betriebs- und Fäkalabwässern besonders stark verschmutzt und daher durch diese Abwässer hochgradig überbelastet. Dies führt not-wendig zu einem sanitär untragbaren Zustand und zu einer bedeutenden Gefahr für das Grundwasser, aus dem das Trink- und Nutzwasser der Stadt gewonnen wird.

Was die Behauptung anlangt, daß die Abwässer seit Jahrzehnten in der derzeitigen Art und Weise in den Vorfluter eingeleitet werden, so ist durch Gutachten und Vorverfahren erwiesen, daß diese Einleitung nicht nur gesetzwidrig ist und den Gemeingebrauch in der Vorflut fast unmöglich macht, sondern auch andere öffentliche Interessen schädigt und in Rechte Dritter eingreift. Die bisherige Duldung (eine Ersitzung gibt es nach dem Wasserrechtsgesetz nicht) vermag keinesfalls einen Anspruch auf die gesetz- bzw. rechtswidrige Verunreinigung des Baches zu begründen. Die Einleitung erfolgte ja auch nicht wie behauptet anstandslos, sondern gerade die aufgetretenen Mißstände und Beschwerden waren die Ursache für das Vorgehen der Behörde."

Nr. 63: zu §§ 89 und 40 WRG.

VwGH. Erk. v. 23. Februar 1956, Zl. 273/53, Abweisung einer Beschwerde gegen einen Berufungsbescheid des BM. f. L. u. F.:

Gerade die Bestimmungen des § 42 AVG. und des § 89 WRG. dienen dazu, Versuche erfolglos zu machen, die Übernahme von Verpflichtungen durch vorzeitiges Entfernen von der Verhandlung zu vereiteln oder das Verfahren zu verschleppen.

„Der vorliegende Beschwerdefall ist am besten dadurch gekennzeichnet, daß die Beschwerdeführerin im Berufungsverfahren Einwendungen nachholen wollte, die sie anläßlich der mündlichen Verhandlung vorzubringen unterlassen hatte, weiters, daß sie in den Beschwerdeausführungen darüber hinaus noch Dinge vorbrachte, die sie auch im Berufungsverfahren, ja im ganzen vorangegangenen Verwaltungsverfahren nicht vorgebracht hatte. Beides jedoch ist unzulässig und verfehlt. Die Beschwerdeführerin versucht gegen eines der Grundprinzipien des Verwaltungsverfahrens, das Konzentrationsprinzip, wie es im § 42 AVG. und insbesondere auch im § 89 WRG. normiert ist, zu verstoßen und noch im verwaltungsgerichtlichen Verfahren Neuerungen vorzubringen.

Die Hochwasserschäden und die durch sie hervorgerufenen Gefahren neuerlicher Schäden erforderten ein beschleunigtes Vorgehen und so wurde im kurzen Wege eine Verhandlung — und nicht, wie die Beschwerde entgegen der Aktenlage behauptet, ein Lokalaugenschein — zum Zwecke der Bildung einer Erhaltungskonkurrenz bis zur Verbauung des F.-F. Baches ausgeschrieben. In der bei dieser Verhandlung aufgenommenen Niederschrift wird als Gegenstand ‚F.-F. Bach, Finanzierung von Sofortmaßnahmen' angegeben. Wenn also der Bürgermeister nach dem Beschwerdevorbringen der Gemeinde angegeben habe, daß er sich im Glauben vorzeitig von der Verhandlung entfernt habe, es handle sich nur um einen ‚Lokalaugenschein', so ist dies nicht nur eine im Berufungsverfahren nicht vorgebrachte Einwendung, also eine unzulässige Neuerung, sondern steht auch mit der Aktenlage nicht im Einklang. Im übrigen sei bei diesem Anlaß die Feststellung am Platz, daß gerade die vorangeführten Bestimmungen des § 42 AVG. und § 89 WRG. unter anderem auch dazu dienen, Versuche, die Übernahme von Verpflichtungen durch vorzeitiges Entfernen von der Verhandlung zu vereiteln oder das Verfahren zu verschleppen, erfolglos zu machen. Von den Vertretern der beschwerdeführenden Marktgemeinde wurde während der Verhandlung keinerlei Einwendung erhoben und von dem bis zum Schluß der Verhandlung verbliebenen Vizebürgermeister die Verpflichtung eines Beitrages von 3% ausdrücklich übernommen. Daß er diese Verpflichtung nur unter einer bestimmten Voraussetzung oder mit besonderen Vorbehalten übernommen hätte und überdies zur Übernahme einer solchen Verpflichtung weder beauftragt noch ermächtigt gewesen sein soll, geht weder aus der Verhandlungsschrift noch aus der Berufung der Marktgemeinde noch aus sonst einem Aktenstück hervor. Derartige Ergänzungen des maßgeblichen Sachverhaltes können im verwaltungsgerichtlichen Verfahren nicht nachgeholt werden. Der belangten Behörde ist Recht zu geben, wenn sie im angefochtenen Bescheid feststellt, daß sich die Berufung der Beschwerdeführerin gar nicht gegen die Beitragsleistung richtet, sondern die Ausscheidung eines Teiles des F.-F. Baches aus den gegenständlichen Räumungs- und Sicherungsmaßnahmen fordert. Diesen Räumungs- und Sicherungsmaßnahmen in dem geplanten Umfange aber habe der Vertreter der Gemeinde bei der örtlichen Verhandlung zugestimmt. Hinsichtlich der noch weitergehenden Beschwerdeausführungen ist insbesondere darauf zu verweisen, daß auch die wegen vermeintlicher Nichtbeachtung der Bestimmungen des § 42 der Kärntner Gemeindeordnung gegen die Rechtsverbindlichkeit der Verpflichtungserklärung des Vizebürgermeisters erhobenen Einwendungen entweder schon bei der Erstbehörde oder spätestens im Berufungsverfahren vorzubringen gewesen wären. Die Beschwerdeführerin hat dies jedoch unterlassen, denn nach den vorliegenden Verwaltungsakten ist von der Marktgemeinde die Gültigkeit der von ihrem damaligen Vertreter übernommenen Verpflichtung in keiner Lage des vorangegangenen Verwaltungsverfahrens bestritten worden. Im Verfahren vor dem Verwaltungsgerichtshof kann, wie oben bereits ausgeführt, dieses Thema nicht mehr aufgerollt werden.“

Nr. 64: zu § 89 Abs. 2 WRG.

Erk. des VerfGH. v. 12. Oktober 1957, Zl. B 67/57, Abweisung einer Beschwerde gegen einen Berufungsbescheid des BM. f. L. u. F.:

§ 89 Abs. 2 WRG. anerkennt die Rechtskraftwirkung eines wasserrechtlichen Bescheides auch gegenüber einer übergangenen Partei.

„Nach § 89 Abs. 2 WRG. kann eine Partei im Sinne des § 84 Abs. 1 WRG., die eine mündliche Verhandlung versäumt hat, weil sie nicht persönlich verständigt worden war, selbst dann, wenn die Anberaumung der mündlichen Verhandlung öffentlich bekanntgemacht worden ist, ihre Einwendungen auch nach Abschluß der mündlichen Verhandlung und bis zur rechtskräftigen Entscheidung der Angelegenheit vorbringen. Hierin liegt eine ausdrückliche Regelung der Rechtsstellung der in einem Mehrparteienverfahren übergangenen Partei vor, die es entbehrlich macht, die Rechtsfrage unter Zuhilfenahme von allgemeinen

Überlegungen zu lösen. Wenn eine verbreitete Auffassung einer im Verwaltungsverfahren übergangenen Partei das Recht zuerkennt, die Bescheidzustellung zu begehren und diesen Bescheid mit Rechtsmitteln zu bekämpfen, so liegt ihr die Vorstellung zugrunde, daß die Rechtskraft des Bescheides nur gegenüber den am Verfahren beteiligten Parteien, nicht aber gegenüber der übergangenen Partei eintreten könne. § 89 Abs. 2 WRG. hingegen, der von einer ‚rechtskräftigen Entscheidung' im unmittelbaren Zusammenhang mit den Rechten einer dem Verfahren nicht zugezogenen Partei spricht, anerkennt die Rechtskraftwirkung eines wasserrechtlichen Bescheides auch gegenüber einer übergangenen Partei. Für die Nachteile, die eine übergangene Partei erleidet, haftet nach § 27 Abs. 3 WRG. der Wasserberechtigte, der eine Partei der Wasserrechtsbehörde nicht bekanntgegeben hat.

Im vorliegenden Fall hat der Landeshauptmann von Kärnten der Gemeinde S. mit Bescheid vom 31. Oktober 1953 die Bewilligung erteilt, die dort näher bezeichneten Quellen zu fassen und das Quellwasser in die bestehende Trinkwasserversorgungsanlage einzuleiten. Dieser Bescheid ist unangefochten geblieben; mit Rücksicht auf die Zustellungstage wäre eine Berufung und mit ihr die Geltendmachung von Einwendungen noch Ende November 1953 möglich gewesen. Der Landeshauptmann von Kärnten hat später über Antrag die Zustellung des Bescheides an den Beschwerdeführer verfügt. Nach dem Vorausgeführten ist damit dem Beschwerdeführer nur der bereits in formelle Rechtskraft erwachsene Bescheid zugestellt worden. Dieser konnte daher nicht mehr mit Berufung bekämpft werden. Die Zurückweisung dieser Berufung ist daher zu Recht erfolgt. Der Beschwerdeführer ist somit durch den angefochtenen Bescheid in keinem verfassungsgesetzlich gewährleisteten Rechte verletzt worden.“

Anmerkung: Die Beschwerde an den VwGH. wurde mit Beschluß vom 13. Februar 1958, Zl. 2119/57, unter Hinweis auf die Entscheidung des VfGH. ebenfalls zurückgewiesen.

Nr. 65: zu § 95 WRG.

VwGH. Erk. v. 10. Jänner 1957, Zl. 1590/54, Abweisung einer Beschwerde gegen einen Berufungsbescheid des LH. v. Kärnten:

Der Konsenswerber selbst kann nicht gemäß § 95 WRG. auf den Zivilrechtsweg verwiesen werden.

„Die Beschwerdeführerin erachtet sich auch durch die Verweisung ihrer Einwendungen auf den ordentlichen Rechtsweg verletzt. Nun ist es allerdings richtig, daß diese Verweisung dem Gesetz nicht entspricht, weil nicht nur die Beschwerdeführerin, sondern zum Teil auch die in erster Instanz tätig gewordene Wasserrechtsbehörde und die belangte Behörde die bestehende Rechtslage verkannt haben. Einsprüche (Einwendungen) im Sinne des § 95 WRG. gegen die Erteilung wasserrechtlicher Bewilligungen können nur die im § 84 Abs. 1 WRG. angeführten

Parteien mit Ausnahme des Antragstellers erheben. Denn bei jedem Einspruch ist ein Antrag auf Versagung der vom Konsenswerber begehrten Bewilligung mitzudenken. Es war daher schon ein Fehler der Wasserrechtsbehörde erster Instanz, die Beschwerdeführerin, statt sie über ihre besondere Rechtsstellung als konsenswerbende Partei aufzuklären, mit ihren nach Ansicht der Behörde ‚privatrechtlichen‘ Einwendungen auf den Zivilrechtsweg zu verweisen, wobei zudem übersehen wurde, daß das auf die (aus einem Kaufvertrag) bestehenden Privatrechtsverhältnisse zwischen der Beschwerdeführerin und den W. Werken bezughabende Vorbringen überhaupt nicht als ein Einspruch im Sinne des § 95 WRG. gewertet werden kann. Dies hätte zumindest die belangte Behörde erkennen und den bezüglichen Ausspruch des erstinstanzlichen Bescheides, der sich trotz seiner Aufnahme in die Begründung des Bescheides als Inhalt des Spruches darstellt, wegen Rechtswidrigkeit beheben müssen. Allein durch die aufgezeigte unrichtige Behandlung des Vorbringens der Beschwerdeführerin wurde sie in einem Recht nicht verletzt.“

Nr. 66: zu § 97 WRG.

VwGH. Beschluß v. 30. November 1956, Zl. 3429/54, Zurückweisung einer Beschwerde gegen einen Bewilligungsbescheid des BM. f. L. u. F.:

Dritten Personen, deren Rechte durch einen bevorzugten Wasserbau betroffen sind, kommt hinsichtlich eines über die in § 97 Abs. 2 WRG. eingeräumten Rechte hinausgehenden Begehrens Parteistellung weder im wasserrechtlichen Bewilligungsverfahren noch im Verfahren vor dem VwGH. zu.

„Gemäß § 97 Abs. 1 WRG. haben die durch einen bevorzugten Wasserbau berührten Dritten grundsätzlich nur den Anspruch auf angemessene Entschädigung. Nur dann, wenn vor Bewilligung des Bauvorhabens eine mündliche Verhandlung — so wie im vorliegenden Falle — durchgeführt wird, können die Beteiligten gemäß § 97 Abs. 2 WRG. Abänderungen und Ergänzungen verlangen, durch die das Bauvorhaben nicht wesentlich erschwert oder eingeschränkt wird. § 97 WRG. schränkt demnach die den Dritten zukommende Parteistellung wesentlich ein; abgesehen vom Anspruch auf Entschädigung könnte im Bewilligungsverfahren nur über das Verlangen nach unwesentlichen Abänderungen und Ergänzungen verhandelt und sonach abgesprochen werden. Darum geht es hier aber nicht, wie die Anträge der Beschwerdeführerin erweisen. Dies hat die belangte Behörde auch richtig erkannt, wenn sie in der Begründung des Bescheides darauf verweist, daß durch ein Eingehen auf die Forderungen der Beschwerdeführerin der wesentliche Zweck des bevorzugten Baues vereitelt würde. Auch in der Beschwerde wird der Bewilligungsbescheid aus grundsätzlichen Gründen, jedenfalls aus anderen als aus den nach § 97 Abs. 2 WRG. zulässigen Gründen bekämpft, sei es, daß die Beschwerde die Beeinträchtigung wohlerworbener Rechte behauptet, sei es, daß sie Elemente des Entschädigungsverfahrens bereits in das Bewilligungsverfahren hereinzuziehen und damit schon dieses Verfahren in seinem wesentlichen Zweck zu beeinflussen sucht. Mit voller Deutlichkeit kommt die Absicht, das bewilligte Projekt in seinem wesentlichen Zweck und Bestand grundsätzlich zu bekämpfen, durch folgenden Satz der Beschwerde zum Ausdruck: ... ‚Es liegt dies einerseits in der Art des beabsichtigten Betriebes des Kraftwerkes als Spitzenbetrieb und andererseits in der Art unseres eigenen Betriebes, der eine völlig konstante und unveränderliche Energiequelle braucht, widrigens eine rationelle Betriebsführung unmöglich wäre und dauernde Schäden entstünden.‘ ... Damit ist die grundsätzliche Bedeutung des Widerspruches in Bedürfnis und Zweck der beiden Anlagen dargetan. Wie jedoch der Verwaltungsgerichtshof mit Beschluß vom 16. Juni 1950, Slg. N. F. Nr. 1539/A, ungeachtet der darin gelegenen Härte des Gesetzes aussprechen mußte, kommt dritten Personen, deren Rechte durch einen bevorzugten Wasserbau betroffen sind, hinsichtlich eines über die im § 97 Abs. 2 WRG. eingeräumten Rechte hinausgehenden Begehrens Parteistellung weder im wasserrechtlichen Bewilligungsverfahren noch im Verfahren vor dem Verwaltungsgerichtshof zu.“

Nr. 67: zu §§ 96, 97 und 104 Abs. 3 WRG.

Erk. des VerfGH. v. 27. Juni 1956, Zl. B 80/56, Slg. Nr. 3034, Abweisung einer Beschwerde gegen einen Bewilligungsbescheid des BM. f. L. u. F.:

Eigentumsrecht, gesetzlicher Richter; Bewilligung von Bauarbeiten am Donaukraftwerk Ybbs-Persenbeug, Einleitung des Entschädigungsverfahrens, Anwendung eines einfachen Gesetzes.

„Nach der ständigen Rechtsprechung des Verfassungsgerichtshofes kann die Verletzung des Eigentumsrechtes nur in einem gesetzlosen oder in einem auf einem verfassungswidrigen Gesetz beruhenden Eingriff in das Eigentum erblickt werden. Das WRG., auf das sich der angefochtene Bescheid stützt, ist nicht verfassungswidrig und der Bescheid ist auch, eben dieser Grundlage wegen, nicht von vornherein als gesetzlos anzusehen. Es bleibt aber zu prüfen, ob die Subsumtion des Sachverhaltes unter die angewendeten gesetzlichen Bestimmungen tatbestandsmäßig und rechtlich überhaupt möglich ist. Denn auch dann, wenn dies nicht möglich wäre, wäre die Beschwerdeführerin im Eigentumsrecht verletzt worden. Der angefochtene Bescheid bewilligt die Abtragung des Schwallecks und gestattet den sofortigen Beginn der Bauarbeiten. Solche Maßnahmen können im Zuge der Errichtung eines Großkraftwerkes notwendig sein und das WRG. gibt durchaus die Grundlage dafür, solche Maßnahmen anzuordnen. Die Hauptrüge der Beschwerde in dieser Richtung basiert auf § 104 Abs. 3 WRG. Nach dieser Bestimmung kann das Bundesministerium für Land- und Forstwirtschaft bei besonderer Dringlichkeit die Inangriffnahme eines zum bevorzugten Wasserbau erklärten und bewilligten Bauvorhabens schon vor Einleitung des Entschädigungsverfahrens gestatten. Die Stadtgemeinde G. behauptet nun, daß hier aber ein rechtens bewilligtes Bauvorhaben nicht vorliege. Der Verfassungsgerichtshof kann im Rahmen der Prüfung, ob ein verfassungsgesetzlich geschütztes Recht verletzt wurde, dieser Auffassung nicht zustimmen. Die Beschwerdeführerin rügt zunächst verschiedene Mängel des der Erlassung des angefochtenen Bescheides vorangegangenen Verfahrens: daß bei der wasserrechtlichen Bewilligung überhaupt kein abspruchreifes Projekt vorgelegen sei, daß der Bescheid vom 25. Juli 1955 ein verfahrensrechtlich unzulässiger Provisorialbescheid sei und daß die Behörde nicht das Vorhaben in Teilbescheiden, gewissermaßen in Raten, bewilligen dürfe. Der Verfassungsgerichtshof hält den von der belangten Behörde eingeschlagenen Weg, das in allen Einzelheiten von vornherein nicht übersehbare gigantische Unternehmen zunächst in einem Bescheid in großen Zügen zu bewilligen, dann Einzelfragen durch eigene Bescheide zu klären, um schließlich eine zusammenfassende Genehmigung zu erteilen, nach den wasser- und verfahrensrechtlichen Vorschriften grundsätzlich für möglich. Die Behörde war daran auch nicht durch das Oberösterreichische Landesgesetz vom 18. August 1919, LGBl. für Oberösterreich Nr. 148/1919, gehindert, das dem Land Oberösterreich die Bewilligung zur Bauführung und zum Betrieb aller Anlagen zur Ausnutzung der Wasserkräfte der Donau auf oberösterreichischem Gebiet erteilte. Der Verfassungsgerichtshof hat über Inhalt und Bedeutung dieses Gesetzes im vorliegenden Fall nicht abzusprechen. Aber, wie immer man es beurteilen mag, so findet es der Verfassungsgerichtshof doch nicht für denkunmöglich, daß auch an andere Bewerber wasserrechtliche Bewilligungen erteilt werden. Der Widerstreit wasserrechtlicher Ansprüche ist aber kein Problem verfassungsgerichtlicher Rechtsprechung, sondern auf der Ebene des einfachen Gesetzes zu lösen. Der Verfassungsgerichtshof mußte daher von den rechtskräftigen und von der Beschwerdeführerin auch gar nicht bekämpften Bescheiden vom 24. November 1953 (Erklärung zum bevorzugten Wasserbau) und vom 25. Juli 1955 (wasserrechtliche Bewilligung) ausgehen. Wenn die Behörde auf dieser Grundlage die Abtragung des Schwallecks bewilligt hat, wobei der Zusammenhang dieses konkreten Vorhabens mit dem Gesamtbauvorhaben nicht bestritten wird, und den sofortigen Beginn der Bauarbeiten genehmigte, kann dies nicht als eine Scheinanwendung des Gesetzes angesehen werden. Ob das WRG. dabei im einzelnen richtig angewendet wurde, war im Rahmen der verfassungsgerichtlichen Prüfung nicht zu untersuchen. Der angefochtene Bescheid verletzt demnach die Beschwerdeführerin nicht in ihrem Eigentumsrecht.

Die Beschwerdeführerin behauptet weiter, in ihrem verfassungsgesetzlich gewährleisteten Recht auf den gesetzlichen Richter verletzt worden zu sein. Nun ergibt sich aber aus der Erklärung zum bevorzugten Wasserbau die Zuständigkeit des Bundesministeriums für Land- und Forstwirtschaft auf jeden Fall. Es fragt sich daher nur, ob die Behörde im angefochtenen Bescheid Maßnahmen getroffen hat, für die im Gesetz überhaupt keine Grundlage gegeben ist, da ja auch in diesem Fall das Recht auf den gesetzlichen Richter verletzt wäre. Auch diese Frage ist jedoch zu verneinen, und zwar aus den schon angeführten Gründen: Der Inhalt des Bescheides ist verfahrens- und wasserrechtlich möglich. Das Recht auf den gesetzlichen Richter ist demnach nicht verletzt worden.

Die Verletzung des Gleichheitsrechtes erblickt die Beschwerdeführerin darin, daß die belangte Behörde den mit dem angefochtenen Bescheid bewilligten ‚ungeheuerlichen Eingriff' zweifellos nur deshalb bewilligt habe, weil es sich bei dem begünstigten Unternehmen um ein Unternehmen handle, dessen Aktien die öffentliche Hand besitze. Es wäre unvorstellbar, daß selbst einem gutsituierten Privatunternehmen unter Berufung auf § 104 Abs. 3 WRG. die Vernichtung eines Ewigkeitswertes gestattet würde. Der Verfassungsgerichtshof mußte der Behauptung der belangten Behörde, daß sie sich bei der Erlassung des Bescheides keineswegs von Rücksichten auf die Person der Antragstellerin, sondern allein von der Sache habe leiten lassen, Glauben schenken. Wenn die Behörde auf die außerordentliche Bedeutung und den außergewöhnlichen Umfang dieses Großbauvorhabens verweist, kann ihr nicht widersprochen werden. Unsachliche Beweggründe für das Verhalten der Behörde konnten jedenfalls nicht festgestellt werden. Nur ein dieser Art unsachliches Verhalten der Behörde aber hätte die Beschwerdeführerin im Gleichheitsrecht verletzen können.“

Nr. 68: zu §§ 97 und 104 Abs. 3 WRG.

VwGH. Beschluß v. 7. Februar 1957, Zl. 797/56 und 1390/56, Zurückweisung der Beschwerde der Stadtgemeinde G. gegen den Bewilligungsbescheid des BM. f. L. u. F. betreffend die Abtragung des Schwallecks:

„Der Verwaltungsgerichtshof mußte davon ausgehen, daß der angefochtene Bescheid im Rahmen der Vorschriften über bevorzugte Wasserbauten nach § 83 Abs. 2 und § 96 WRG. ergangen ist und auch das vorangegangene Verfahren sich in dem gleichen Rahmen gehalten hat. Es handelt sich hier um die in diesem Rahmen hinsichtlich des Detailprojektes zur Abtragung des Schwallecks erteilte wasserrechtliche Bewilligung einschließlich der Genehmigung des Bauvorhabens. Nun haben aber, wie der Verwaltungsgerichtshof bereits wiederholt ausgesprochen hat (vgl. hiezu u. a. seinen in dieser Frage zuletzt ergangenen Beschluß vom 30. November 1956*, Zl. 3429/54), die durch einen bevorzugten Wasserbau berührten Dritten gemäß § 97 WRG. insofern eine bloß be-

---

* Siehe Nr. 66.

schränkte Parteistellung, als ihnen grundsätzlich nur der Anspruch auf angemessene Entschädigung und nur ein Mitspracherecht bezüglich unwesentlicher Änderungen und Ergänzungen des Projektes zusteht. Wie oben dargestellt, geht das Begehren der Beschwerdeführerin über diese Grenzen hinaus, denn es zielt auf Erhaltung des Schwalleckfelsens, mithin auf die Änderung eines bedeutsamen Teiles des Gesamtprojektes ab. Da im übrigen die Entschädigungsfrage hier überhaupt noch nicht in Verhandlung steht, kommt der Beschwerdeführerin sonach weder im gegenständlichen wasserrechtlichen Verfahren noch im Verfahren vor dem Verwaltungsgerichtshof Parteistellung zu.

Zu der durch die belangte Behörde gemäß § 104 Abs. 3 WRG. gestatteten sofortigen Inangriffnahme der Bauarbeiten ist zu sagen, daß sich der darauf bezughabende Teil des Spruches auf die Vollstreckung des wasserrechtlichen Bewilligungsbescheides bezieht. Es ergibt sich aus dem Wesen einer solchen, lediglich die Frage der Vollstreckung betreffenden Verfügung, daß sie nicht mit Einwendungen bekämpft werden kann, die Thema des Titelbescheides selbst sind. Die gegen die erwähnte einstweilige Verfügung erhobenen Einwendungen gehen von der Unzulässigkeit der Abtragung des Schwallecks aus, sie stellen sich somit als derartige, das Hauptthema betreffende Einwendungen dar. Auch in diesem Punkte erweist sich daher die Beschwerde als unzulässig.

Endlich mußte auch die vom Verfassungsgerichtshof abgetretene Beschwerde als unzulässig zurückgewiesen werden, weil die Beschwerdeführerin durch die unmittelbar beim Verwaltungsgerichtshof eingebrachte Beschwerde ihr Beschwerderecht bereits verbraucht hat."

Nr. 69: zu §§ 99 und 31 WRG.

Berufungsentscheidung des BM. f. L. u. F. v. 29. März 1956, Zl. 97663/1—82814/55:

Maßgebend für die Frage der Entschädigung bei Bestimmung eines Quellschutzgebietes ist die Art der Verwendung des einbezogenen Grundstückes in diesem Zeitpunkt.

„Beim gegenständlichen Grundstück — das nach der Aktenlage Wiese ist — wird die animalische Düngung auf die praktisch unverletzte Humusschicht aufgebracht, so daß eine ausreichende hygienisch wirksame Schicht stets vorhanden ist. Anders verhält es sich aber bei metertiefen Aufgrabungen, wie dies bei der Sandgewinnung der Fall ist, wo die gesamte Humusschicht und auch der darunterliegende feinere Sand entfernt werden. Die nunmehr verbleibende Filtrationskraft des Bodens reicht dann zum Schutz der vorgesehenen Trinkwasserversorgung nicht aus. Für das Verbot des Betriebes einer Sandgrube spricht ferner der geringe, von der Berufungswerberin selbst mit nur 40 m angegebene Abstand vom Brunnen zur geplanten Sandgrube. Im weiteren Schutzgebiet kann somit aus sanitären Gründen eine Sandgewinnung nicht gestattet werden.

Zum Antrag der Berufungswerberin auf Entschädigung der künftig vorgesehenen Sandgewinnung wird bemerkt, daß eine Schadloshaltung einen erlittenen Schaden voraussetzt. Maßgebend für die Frage, ob eine Entschädigung im vorliegenden Falle gebührt, ist die Verwendung der Parzelle im Zeitpunkt der Festlegung des Quellschutzgebietes. Die bloß theoretische, in keiner Weise vorbereitete Möglichkeit einer späteren anderweitigen Nutzung hat hiebei außer Betracht zu bleiben. Da die gegenständliche Parzelle zum maßgeblichen Zeitpunkt unbestritten als Wiese Verwendung fand und, wie der Vertreter der Berufungswerberin in der Verhandlung selbst angab, noch keine Vorbereitungen für die Benutzung zur Sandgewinnung getroffen bzw. Bodenuntersuchungen durchgeführt waren, konnte der Berufung keine Folge gegeben werden."

Nr. 70: zu § 99 Abs. 2 WRG.

Erk. des VerfGH. v. 5. Okober 1956, Zl. B 95/56, Slg. Nr. 3077, Abweisung einer Beschwerde gegen einen Berufungsbescheid des BM. f. L. u. F.:

Eigentumsrecht. Vorbehalt des Abspruches über Entschädigungsansprüche aus der Erweiterung einer Wasserversorgungsanlage.

„Dem Beschwerdeführer steht ein Wassernutzungsrecht an einem Bach zu, der unter anderem auch aus dem Überwasser einer Wasserversorgungsanlage gespeist wird. Nach Durchführung eines wasserrechtlichen Verfahrens wurde der Ausbau der bereits veralteten Wasserversorgungsanlage in zweiter Instanz durch den angefochtenen Bescheid bewilligt. Der Abspruch über die Ersatzansprüche, die der Beschwerdeführer aus der mit der Erweiterung der Anlage verbundenen Verminderung der Wassermenge und der Beeinträchtigung seines von der Wassermenge abhängigen Gewerbebetriebes geltend machte, wurde gemäß § 99 Abs. 2 WRG. einer gesonderten Entscheidung vorbehalten. Durch diesen Bescheid fühlt sich der Beschwerdeführer in seinem verfassungsgesetzlich gewährleisteten Eigentumsrecht verletzt; er beantragt daher, den Bescheid als verfassungswidrig aufzuheben.

Der Verfassungsgerichtshof hält zunächst die Feststellung für nötig, daß die Frage, ob das Wassernutzungsrecht ein privates oder ein öffentliches Recht ist, für die Zulässigkeit der Beschwerde ohne Bedeutung ist.

Die Beschwerde erwies sich jedoch aus nachstehenden Erwägungen als unbegründet.

Der Beschwerdeführer behauptet Verletzung seines Eigentumsrechtes. Der Gerichtshof hatte daher für den vorliegenden Fall zu prüfen, ob die belangte Behörde in dieses Recht ohne gesetzliche Grundlage eingegriffen hat, oder ob sich der Bescheid nur zum Schein auf ein Gesetz stützt.

In diesem Zusammenhang macht der Beschwerdeführer vor allem Mangelhaftigkeit des Verfahrens und Rechtswidrigkeit des Bescheidinhaltes geltend. Er behauptet, die Behörde habe das AVG. und besonders das WRG. unrichtig angewendet. Insbesondere dadurch, daß die Behörde, entgegen der ausdrücklichen Bestimmung des § 99 Abs. 2 WRG., über die Entschädigung nicht einmal dem Grunde nach entschieden hat, fühlt sich der Beschwerdeführer in seinen Rechten beeinträchtigt. Er sieht in der Entscheidung aber auch einen Verstoß gegen die §§ 12 Abs. 1 und 51 Abs. 1 lit. c WRG., wonach bestehende Wasserrechte nur dann enteignet werden dürfen, wenn die geplante Wasseranlage sonst überhaupt nicht oder nur mit unverhältnismäßigen Aufwendungen ausgeführt werden könnte, weil eine Sicherstellung der Wasserversorgung auch auf andere Weise möglich gewesen wäre.

Der Beschwerdeführer führt weiter an, daß er durch die Bewilligung der Erweiterung der Wasserversorgungsanlage tatsächlich enteignet werde. Der angefochtene Bescheid stelle sich als Enteignungsbescheid dar, der sich nur scheinbar auf ein Gesetz stütze, gegen das Gesetz erlassen und daher gesetzlos sei.

Die Ausführungen des Beschwerdeführers selbst zeigen in Übereinstimmung mit dem Wortlaut des bekämpften Bescheides, der ausdrücklich auf die Bestimmungen des WRG. und des AVG. gestützt ist, daß die Behörde keineswegs gesetzlos gehandelt hat. Aber auch der Vorwurf einer Scheinanwendung des Gesetzes trifft nicht zu, weil der Beschwerdeführer selbst der Errichtung der Wasserversorgungsanlage bei der mündlichen Verhandlung zugestimmt hat. Damit aber war der Weg für den angefochtenen Bescheid eröffnet. Von einer Scheinanwendung des WRG. kann keine Rede sein."

Nr. 71: zu § 99 Abs. 2 WRG.

VwGH. Erk. v. 13. Dezember 1956, Zl. 1910/56, Abweisung einer Beschwerde gegen einen Bescheid des BM. f. L. u. F.:

Wenn die Behörde mit Recht zum Schluß gelangt, daß die Vollstreckung ihres Bescheides über die Erweiterung einer Wasserversorgungsanlage im Interesse einer ausreichenden und hygienisch einwandfreien Versorgung der Ortsbevölkerung raschestens vorzunehmen sei, steht dem Beschwerdeführer ein Rechtsanspruch auf Zuerkennung der aufschiebenden Wirkung nach § 30 Abs. 2 VwGG. nicht mehr zu.

Mit dem im Instanzenzuge ergangenen Bescheid des BM. f. L. u. F. wurde der Gemeinde R. die wasserrechtliche Bewilligung zur Erweiterung der Gemeindewasserleitung erteilt und bestimmt, daß über die Entschädigung des Wasserberechtigten R. Sch. gemäß § 99 Abs. 2 des Wasserrechtsgesetzes gesondert zu entscheiden sein werde. Gleichzeitig wurde der Antrag des Beschwerdeführers auf Ersatz der Parteikosten abgewiesen. Gegen diesen Bescheid erhob R. Sch. Beschwerde, mit der er den Antrag auf Zuerkennung der aufschiebenden Wirkung verband. Diesem Antrag gab das BM. f. L. u. F. mit dem nunmehr angefochtenen Bescheid gemäß § 30 VwGG. keine Folge.

„Die belangte Behörde hat in der Begründung des bekämpften
Bescheides ausführlich dargetan, daß die Wasserversorgung der Gemeinde
R. infolge der geringen Leistungsfähigkeit der Quellfassung und des
Zuleitungsrohrstranges, aber auch wegen Schadhaftigkeit des Rohrnetzes
und der dadurch bedingten gesundheitsgefährdenden Verunreinigung des
Wassers so mangelhaft sei, daß die bereits in Angriff genommenen Erwei-
terungsarbeiten im Interesse einer ausreichenden und hygienischen Versorgung der Ortsbevölkerung mit Wasser ehestens fertiggestellt werden
müßten. Die sofortige Vollstreckung des in Beschwerde gezogenen
Bescheides über die Erteilung der wasserrechtlichen Bewilligung sei daher
vom Standpunkt der Wahrung öffentlicher Interessen geboten.

Der Beschwerdeführer irrt, wenn er demgegenüber darauf verweist,
daß der angefochtene Bescheid ein öffentliches Interesse an der sofortigen
Vollstreckung nur in der Tatsache des durch einen regen Fremdenverkehr
erhöhten Wasserbedarfes erblickt habe. Aus der Begründung des vorerwähnten Bescheides geht hervor, daß in R. ‚insbesondere zur Zeit
großen Wasserbedarfes‘ empfindlicher Wassermangel herrsche, woraus zu
ersehen ist, daß ein solcher Mangel jedenfalls auch zu Zeiten eines normalen Wasserbedarfes besteht. Der andere Einwand des Beschwerdeführers, daß hinsichtlich der festgestellten Verunreinigungen des Wasser-
leitungswassers die Prüfung bzw. Reparatur jenes Auslaufes ausreichen
würde, aus welchem Wasser zur Probe entnommen worden ist, widerspricht den allgemeinen Erfahrungsgrundsätzen. Ist es doch zur Genüge
bekannt, daß das Wasser in den Rohrsträngen einer Wasserleitung in
weiträumiger Kommunikation steht und daher an mehreren Stellen
gleichzeitig der Verunreinigung ausgesetzt sein kann. Daß aber die sofortige Beseitigung derartiger Übelstände im öffentlichen Interesse liege, hat
die Beschwerde nicht bestritten. Wenn demnach die belangte Behörde
mit Recht zum Schluß gelangen durfte, daß die Vollstreckung ihres
Bescheides über die Erweiterung der Wasserversorgungsanlage im öffentlichen Interesse raschest vorzunehmen sei, kam den übrigen Ausführungen der Beschwerde Bedeutung deshalb nicht mehr zu, weil dem Beschwerdeführer nur dann ein Rechtsanspruch auf Zuerkennung der aufschiebenden Wirkung zustand, wenn durch die Vollstreckung ein nicht
wieder gutzumachender Schaden eintreten würde und öffentliche Rücksichten die sofortige Vollstreckung nicht gebieten würden.“

Nr. 72: zu §§ 100 und 106 WRG.

Entscheidung des OGH. v. 11. Juli 1951, 2 Ob 63/51, Slg. Nr. 185.

*Zu den nach § 44 Eisenbahnenteignungsgesetz zu ersetzenden Kosten des
Enteignungsverfahrens und der gerichtlichen Feststellung der Entschädigung
gehören nicht die Kosten einer rechtsfreundlichen Vertretung.*

Nr. 73: zu § 102 WRG.

VwGH. Erk. v. 5. April 1956, Zl. 1554/54, Abweisung einer Beschwerde gegen einen Berufungsbescheid des BM. f. L. u. F.:

Gegen den Überprüfungsbescheid können nicht Einwendungen vorgebracht werden, die sich gegen den Bewilligungsbescheid richten.

Nr. 74: zu § 102 WRG.

Berufungsentscheidung des BM. f. L. u. F. v. 26. Oktober 1954, Zl. 97362/3—72628/54:

Unter „Unternehmer" im Sinne des § 102 Abs. 1 erster Satz WRG. ist im Zusammenhalt mit § 23 WRG. der jeweils im Zeitpunkt der maßgeblichen Entscheidung wasserberechtigte Liegenschaftseigentümer zu verstehen; auch die sich auf Grund einer wasserrechtlichen Überprüfung ergebenden Verpflichtungen haften auf der Liegenschaft bzw. Anlage und binden daher den jeweiligen Eigentümer.

Nr. 75: zu § 102 WRG.

VwGH. Erk. v. 28. September 1956, Zl. 817/53, Slg. N. F. Nr. 4152 (A), Aufhebung eines Berufungsbescheides des LH. v. Kärnten:

Die Präklusionsfolgen des § 42 AVG. treffen nur die potentiellen Gegner eines Vorhabens, nicht aber den Bewilligungswerber. Kollaudierung und zeitliche Beschränkung des Wasserrechtes.

Bei der Endüberprüfung der bewilligten Umbauarbeiten wurde festgestellt, daß die gegenständliche Kraftwerksanlage im allgemeinen entsprechend dem Bewilligungsbescheid ausgeführt worden war, bestimmte Auflagen jedoch noch nicht erfüllt seien. In der über diese Verhandlung aufgenommenen Niederschrift ist festgehalten, daß „die bisherige wasserrechtliche Bewilligung durch Erhöhung des Gefälles geändert worden sei. Die Erhöhung betrage 80 cm und werde durch Eintiefung des Unterwassers und vertiefte Rückleitung erzielt. Am Wehr und an dessen Überfallhöhe werde allerdings nichts geändert. Durch die Änderung der Überfallhöhe handle es sich um eine neue Rechtsverleihung. Anläßlich derselben solle die bisher unbeschränkt verliehene Bewilligung zeitlich befristet werden. Mit Rücksicht auf den Bauzustand und auf das für den Umbau investierte Kapital werde eine Bewilligungsdauer von 25 Jahren als angemessen erachtet." In der Verhandlungsschrift findet sich weiters der Vermerk, daß die Verhandlungsteilnehmer sich mit dem Ergebnis der Verhandlung und dem Inhalt der Niederschrift einverstanden erklärt haben. Die Verhandlungsschrift ist vom Beschwerdeführer auch vorbehaltlos unterfertigt worden. Im Anschluß an die kommissionelle Endbeschau erging der Bescheid, mit dem das Verhandlungsergebnis festgestellt und gemäß § 102 WRG. bestimmte zusätzliche Maßnahmen vorgeschrieben wurden. Der Spruch dieses Bescheides enthält ferner den Ausspruch, daß die wasserrechtliche Bewilligung des Beschwerdeführers und seiner Ehefrau gemäß § 22 Abs. 2 im Zusammenhang mit § 94 Abs. 4 WRG. auf 25 Jahre beschränkt werde. Gegen diese Befristung des Wasserrechtes erhoben der Beschwerdeführer und seine Ehefrau Berufung und beantragten, die Befristung aufzuheben. Mit dem Bescheid der belangten Behörde wurde der Berufung mit der Begründung nicht Folge gegeben, daß die Berufungswerber die Verhandlungsschrift ohne jede Einwendung zur Kenntnis genommen und sich mit dem Ergebnis der Verhandlung einverstanden erklärt hätten; gemäß § 42 AVG. hätte der Berufung, ohne auf das sachliche Vorbringen einzugehen, der Erfolg versagt bleiben müssen.

„Wie der Verwaltungsgerichtshof bereits in seinem Erkenntnis vom 23. Oktober 1950, Slg. N. F. Nr. 1704/A, näher dargelegt hat, treffen die Präklusionsfolgen des § 42 Abs. 1 AVG. nur die potentiellen Gegner des der Verhandlung zugrunde liegenden Vorhabens, nicht aber diejenige Partei, von der das Vorhaben ausgeht. Da die Berufungswerber die Ein-

101

schreiter um die wasserrechtliche Genehmigung waren, durfte ihre Berufung unter Hinweis auf die Vorschrift des § 42 Abs. 1 AVG. nicht abgewiesen werden. Die belangte Behörde hätte sich vielmehr mit dem Vorbringen in dieser Berufung auseinandersetzen müssen.

Die erforderliche Berechtigung für die Neuerrichtung oder Umgestaltung einer solchen Anlage — das sogenannte Wasserrecht — wird bereits durch den wasserrechtlichen Bewilligungsbescheid verliehen. Ist in diesem Bescheid eine zeitliche Beschränkung des Wasserrechtes nicht ausgesprochen worden, dann kann eine solche anläßlich der Verhandlung nach § 102 WRG. nicht mehr vorgenommen werden."

A n m e r k u n g : Im letzten Satz der Entscheidung wurde offenbar übersehen, daß nach der ausdrücklichen Bestimmung des § 94 Abs. 4 die zeitliche Beschränkung jederzeit, daher auch anläßlich der Kollaudierung, ausgesprochen werden kann.

Nr. 76: zu § 102 a WRG.

Berufungsentscheidung des BM. f. L. u. F. v. 14. Dezember 1955, Zl. 97556/1—26996/55:

Maßnahmen zur Verhinderung der weiteren Verunreinigung eines Grundwasserstromes durch Teerprodukte u. dgl. müssen im Interesse des öffentlichen Wohles ohne Aufschub durchgeführt werden.

Zur Vermeidung einer weiteren unzulässigen Verschmutzung des Grundwassers durch die Fabrikabwässer wurde eine Reihe von Sanierungsmaßnahmen vorgeschrieben. Gleichzeitig wurde mit Rücksicht auf die sich aus der Verseuchung des Grundwassers ergebenden gesundheitsschädlichen Auswirkungen einer allfälligen Berufung die aufschiebende Wirkung aberkannt.

„§ 102 a WRG. bestimmt, daß der Zustand der Gewässer sowie die Instandhaltung und Benutzung aller nach dem Wasserrechtsgesetz bewilligungspflichtigen Wasseranlagen der Überwachung durch die Bezirksverwaltungsbehörden unterliegt. Diese können sich jederzeit von der Übereinstimmung einer Anlage mit der erteilten Bewilligung überzeugen und erforderlichenfalls selbst eine Verfügung treffen oder an die zuständige übergeordnete Wasserrechtsbehörde berichten. Die erwähnte Gesetzesstelle bestimmt weiter, daß auch Abwasseranlagen einer wiederkehrenden Überprüfung unterliegen und daß die Behörde bei Feststellung von Mißständen die zu deren Beseitigung notwendigen Maßnahmen vorzuschreiben hat.

Allein das Vorhandensein von vier Versitzgruben im Fabriksgelände, wovon drei vornehmlich der Versickerung von stark mit Teer-, Naphthalin- und Ölprodukten verunreinigten Abwässern dienen, stellt eine ausreichende Begründung für die im angefochtenen Bescheid verfügten Maßnahmen dar. Die Berufungsmeinung, daß sowohl Teerprodukte wie auch Naphthalin wasserunlöslich seien, ist unzutreffend, da einerseits aus Teerprodukten Phenole ausgelaugt werden, deren Löslichkeit mit höherer Temperatur stark ansteigt, andererseits aber auch aus Naphthalinprodukten oder Naphthalinrückständen Emulsionen großer Verteilung gebildet werden können, die dann ebenfalls in das Grundwasser gelangen. Die Tatsache, daß schon Hausbrunnen verseucht wurden und im Brunnen D. aromatische Kohlenwasserstoffe und Phenole nachgewiesen wurden, sind für das eben Gesagte ein eindeutiger Beweis. Es ist daher entgegen der Berufung bereits die vom normalen Betriebe der Fabrik herrührende Verunreinigung des Wassers einwandfrei gesundheitsschädlich.

Hiezu kommt, daß derartige Stoffe, wenn sie einmal in den Grundwasserträger gelangt sind, im Grundwasser nicht mehr abgebaut werden und als Wolke weiterwandern, dabei im Durchzugsgebiet alle Entnahmestellen verseuchend. So konnte u. a. eine Phenolwolke im Grundwasserträger durch Jahrzehnte nachgewiesen und der Inhalt eines im Einzugsbereich eines Wasserwerkes versehentlich ausgelaufenen Ölfasses nur dadurch unschädlich gemacht werden, daß der schon bis zu einer Tiefe von einigen Metern verseuchte Boden ausgebaggert wurde.

Nach dem vorstehend Gesagten ergibt sich nun, daß es sich bei den bekämpften Vorschreibungen um Maßnahmen handelt, die im Interesse des öffentlichen Wohles wegen Gefahr im Verzuge dringend vollstreckt werden müssen. Durch die ständige Versickerung der erwähnten, für das Grundwasser höchst gefährlichen Stoffe wird ja nicht nur das Wasser des Brunnens D. allein ungenießbar, sondern der gesamte Grundwasserträger auf lange Zeit hin verseucht. Mit dem Auspumpen e i n e s verseuchten Brunnens wird jedenfalls nur das im unmittelbaren Einzugsbereich des betreffenden Brunnens befindliche Grundwasser berührt, nicht aber der daneben vorbeifließende Grundwasserstrom."

Nr. 77: zu § 104 WRG.

VwGH. Erk. v. 27. September 1956, Zl. 2701/52, Slg. N. F. Nr. 4147 (A), teilweise Aufhebung eines Bescheides des BM. f. L. u. F.:

Die Berufungsbehörde ist zur Erlassung einer einstweiligen Verfügung gemäß § 104 Abs. 1 WRG. nicht zuständig.

Mit Bescheid vom 13. April 1951 hatte der LH. der mitbeteiligten Partei die wasserrechtliche Bewilligung zur Ausnützung der Wasserkräfte des W.-Baches sowie zur Errichtung und zum Betrieb der hiefür erforderlichen Anlagen erteilt. Wie aus der Projektsbeschreibung hervorgeht, sollten für das geplante Bauvorhaben sowohl die Laufwässer des W.-Baches als auch die natürlichen Speicherwassermengen des W.-Sees dienstbar gemacht werden und es sollte zur Benützung der letzteren eine Seeregulierungsschleuse errichtet werden.

Gegen diesen Bescheid, der allfälligen Berufungen die aufschiebende Wirkung abgesprochen hatte, erhoben u. a. auch die Beschwerdeführer Berufung. Noch vor ihrer Erledigung erließ das belangte BM. den angefochtenen Bescheid, mit dem unter Bezugnahme auf § 105 Abs. 1 zweiter Satz und § 104 Abs. 1 WRG. im Punkt I eine einstweilige Verfügung, betreffend Vorbereitungsmaßnahmen zur Inbetriebsetzung des inzwischen fertiggestellten Kraftwerkes, im Punkt II eine einstweilige Verfügung über den Probestau und Probebetrieb des Werkes getroffen wurden.

„Die Beschwerdeführer haben in ihrer Beschwerde erklärt, den Bescheid der belangten Behörde seinem gesamten Inhalt nach anzufechten. Es mußte daher zuerst geprüft werden, ob die Beschwerdeführer hiezu überhaupt berechtigt gewesen sind. Diesbezüglich ergibt sich nun, daß durch Punkt I des angefochtenen Bescheides der mitbeteiligten Partei Rechte lediglich gegenüber den Unterliegern eingeräumt werden. Durch diese Verfügung konnten die Beschwerdeführer als Oberlieger in ihren Rechten und rechtlich geschützten Interessen nicht berührt werden. Es steht ihnen daher ein Beschwerderecht in dieser Angelegenheit nicht zu.

Dagegen berührt die einstweilige Verfügung, die im Punkt II des angefochtenen Bescheides getroffen wurde, die rechtlichen Interessen der Beschwerdeführer als Anrainer des W.-Sees unmittelbar, weil darin der mitbeteiligten Partei das Recht eingeräumt wird, den Probestau und Probebetrieb des Kraftwerkes im Sinne des genehmigten Projektes auszuüben, wodurch der natürliche Wasserhaushalt des W.-Sees jedenfalls beeinflußt wird. Es kann dahingestellt bleiben, inwieweit die mitbeteiligte Partei nicht allenfalls schon auf Grund des Bescheides des Landeshauptmannes vom 13. April 1951, der ja infolge Aberkennung der aufschiebenden Wirkung der gegen ihn erhobenen Berufungen unabhängig von der Frage seiner Rechtskraft vollstreckbar geworden ist und auf Grund dessen ja inzwischen auch die Fertigstellung der mit ihm wasserrechtlich bewilligten Anlagen erfolgte, zur Inbetriebnahme des Werkes berechtigt gewesen wäre. Jedenfalls wurde ihr aber dieses Recht durch die einstweilige Verfügung in Punkt II des angefochtenen Bescheides von der belangten Behörde auf Grund einer anderen Rechtsgrundlage, nämlich der im § 104 WRG. vorgesehenen Möglichkeit, bei Gefahr im Verzug zur Wahrung öffentlicher oder zum Schutz privater Interessen die erforderlichen einstweiligen Verfügungen zu treffen, zuerkannt, und den Beschwerdeführern kann daher das Recht, diese Maßnahme vor dem Verwaltungsgerichtshof unabhängig vom Ausgang des noch in der Rechtsmittelinstanz anhängigen Genehmigungsverfahrens zu bekämpfen, nicht abgesprochen werden.

Nach Prüfung der Frage der Beschwerdeberechtigung mußte sich der Verwaltungsgerichtshof zunächst mit dem in der Beschwerde erhobenen Einwand der Unzuständigkeit der belangten Behörde zur Erlassung der einstweiligen Verfügung beschäftigen. Die belangte Behörde hat in ihrem Bescheid die von ihr in Anspruch genommene Zuständigkeit nicht ausdrücklich begründet. Sie hat jedoch die von ihr getroffenen Maßnahmen außer auf § 104 Abs. 1 WRG. auch noch auf § 105 Abs. 1 zweiter Satz WRG. gestützt, woraus zu erkennen ist, daß sie die Meinung vertritt, als Berufungsbehörde auf Grund der im Genehmigungsverfahren bei ihr anhängigen Berufungen zur Handhabung der im § 104 Abs. 1 WRG. den Wasserrechtsbehörden eingeräumten Befugnisse berechtigt gewesen zu sein. Dieser Standpunkt geht auch aus dem Bescheid der belangten Behörde vom 8. September 1951 hervor, mit dem die belangte Behörde auf Grund einer Berufung gegen eine vom Landeshauptmann von Kärnten erlassene einstweilige Verfügung anläßlich des gegenständlichen Genehmigungsverfahrens die letztere mit der Begründung aufhob, während des Berufungsverfahrens sei der Landeshauptmann zu ihrer Erlassung nicht zuständig gewesen.

Der Verwaltungsgerichtshof mußte diese Auffassung der belangten Behörde ablehnen. Im § 104 Abs. 1 erster Satz WRG. wird bestimmt, daß die Wasserrechtsbehörde bei Gefahr im Verzug — zur Wahrung öffentlicher Interessen von Amts wegen, zum Schutze privater Interessen auf Antrag — die erforderlichen einstweiligen Verfügungen treffen kann. Nach dem zweiten Satz dieses Absatzes ist für die Anordnung einstweiliger Verfügungen während der Anhängigkeit eines wasserrechtlichen Verfahrens die für dieses zuständige Wasserrechtsbehörde, in allen übrigen Fällen der Landeshauptmann, solange jedoch dieser keine Verfügung trifft, die Bezirksverwaltungsbehörde zuständig. Nach Ansicht des Verwaltungsgerichtshofes kann unter der für ein anhängiges Verfahren zuständigen Behörde, wenn dieser Begriff nicht näher erläutert wird und es sich nicht um Zuerkennung von Befugnissen an eine Berufungsbehörde in einem Berufungsverfahren handelt, sondern durch diesen Begriff lediglich umschrieben werden soll, wer bei Anhängigkeit eines Wasserrechtsverfahrens (im Gegensatz zu den Fällen, in denen ein Verfahren nicht anhängig ist) zur Erlassung einstweiliger Verfügungen, also zur Einleitung eines selbständigen und von der Hauptsache verfahrensrechtlich unabhängigen, wenn auch mit ihr dem Gegenstand nach im Zusammenhang stehenden Verfahrens, berechtigt sein soll, immer nur die in erster Instanz zur Verhandlung und Entscheidung in der Hauptsache zuständige Behörde verstanden werden. Die Zuständigkeit zur Erlassung einstweiliger Verfügungen, von der letzten Endes auch abhängt, ob und welche ordentlichen Rechtsmittel einer Partei zustehen, kann nicht von der Zufälligkeit abhängen, in welcher Instanz die Hauptsache gerade anhängig ist. Eine solche Auslegung würde zu dem Ergebnis führen, daß ein in erster Instanz durch Bescheid abgeschlossenes Verfahren, in dem noch keine Berufung ergriffen wurde, die Rechtsmittelfrist aber noch läuft, als in keiner Instanz anhängig angesehen werden müßte. Desgleichen würden Zweifel darüber entstehen, welche Behörde nach Einbringung einer Berufung, die jedoch sich in der Folge als unzulässig erweist und zurückgewiesen werden muß, zur Erlassung einer einstweiligen Verfügung zuständig wäre. Derartige Unklarheiten konnte der Verwaltungsgerichtshof nicht als vom Gesetzgeber beabsichtigt ansehen. Er mußte vielmehr davon ausgehen, daß nach Absicht des Gesetzgebers, solange ein anhängiges wasserrechtliches Verfahren noch nicht rechtskräftig erledigt ist, an Stelle der für die Erlassung einstweiliger Verfügungen in anderen Fällen zuständigen Behörden, die für das anhängige Verfahren in erster Instanz zuständige Behörde ausschließlich dazu berechtigt ist, einstweilige Verfügungen zu erlassen."

Nr. 78: zu § 104 WRG.

VwGH. Erk. v. 19. 9. 1957, Zl. 335/57 und 338/57, Aufhebung eines Bescheides des BM. f. L. u. F.:

Solange ein anhängiges wasserrechtliches Verfahren noch nicht rechtskräftig abgeschlossen ist, ist an Stelle der für die Erlassung einstweiliger Verfügungen in anderen Fällen zuständigen Behörden ausschließlich die für das anhängige Verfahren in erster Instanz zuständige Behörde zur Erlassung einstweiliger Verfügungen berufen.

„Mit der Frage, welche Behörde zur Erlassung einer einstweiligen Verfügung nach § 104 Abs. 1 WRG. zuständig ist, hat sich der Verwaltungsgerichtshof bereits in seinem Erkenntnis vom 27. September 1956, Zl. 2701/52 [*], beschäftigt. Er ist dabei zu dem Ergebnis gekommen, daß, solange ein anhängiges wasserrechtliches Verfahren noch nicht rechtskräftig abgeschlossen ist, an Stelle der für die Erlassung einstweiliger Verfügungen in anderen Fällen zuständigen Behörden, ausschließlich die für das anhängige Verfahren in erster Instanz zuständige Behörde zur Erlassung einstweiliger Verfügungen berufen ist. Diese Rechtsansicht bekämpft die belangte Behörde in ihrer Gegenschrift mit dem Hinweis, daß die einstweilige Verfügung hier im Zuge eines ordnungsgemäßen Berufungsverfahrens, dem keinerlei formelle Mängel entgegengestanden seien, ergangen sei. Würde man in derartigen Fällen eine Anhängigkeit bei der Berufungsbehörde nicht als eine Anhängigkeit im Sinne der Bestimmung des § 104 Abs. 1 WRG. ansehen, dann müßte dies dazu führen, daß eine Sache in der oberen Instanz überhaupt nicht anhängig sein könne. Eine Einschränkung könne wohl dahin gemacht werden, daß unter Anhängigkeit nur die Anhängigkeit des Berufungsgegenstandes im engeren Sinne anzusehen sei. In Sachen, die nicht unmittelbar Gegenstand des Berufungsverfahrens seien, könnte die Zuständigkeit der ersten Instanz zu einer einstweiligen Verfügung angenommen werden. Nicht unbeachtet könne bleiben, daß entsprechend der Entwicklung der modernen Wasserwirtschaft sich gleichsam stufenweise von Instanz zu Instanz die Notwendigkeit ergeben könne, provisorische Verfügungen zu erlassen.

Dieses Vorbringen vermag den Verwaltungsgerichtshof jedoch nicht zu veranlassen, von seiner bisherigen Rechtsprechung abzugehen. Wird ein Bescheid mit Berufung angefochten, ist es Aufgabe der Berufungsbehörde, über die Rechtmäßigkeit der Berufung zu entscheiden. Stellt sich einer Sachentscheidung ein formalrechtliches Hindernis entgegen, ist die Berufung als unzulässig zurückzuweisen. Die Entscheidung der Vorinstanz bleibt sodann die für die Erledigung der Verwaltungsrechtssache maßgebliche Entscheidung. Ist die Berufung unbegründet, ist sie abzuweisen und der Bescheid der Vorinstanz zu bestätigen. Auch in einem solchen Falle

---

[*] Siehe Nr. 77.

bleibt der Bescheid der Vorinstanz der maßgebliche Bescheid. Ist die Berufung dagegen begründet, wird der erstinstanzliche Bescheid zu beheben und durch einen Bescheid der Berufungsbehörde zu ersetzen sein. In allen diesen Fällen ist aber Gegenstand der Berufungsentscheidung immer nur die Beurteilung der Frage, ob der Berufung Berechtigung zukommt. Da in dem vorliegenden Beschwerdefall die belangte Behörde ihre Zuständigkeit zur Erlassung der einstweiligen Verfügung nur in ihrer Eigenschaft als Berufungsbehörde in Anspruch genommen hat, mußte der angefochtene Bescheid schon aus diesem Grunde gemäß § 42 Abs. 2 lit. b VwGG. 1952 wegen Rechtswidrigkeit infolge Unzuständigkeit der belangten Behörde der Aufhebung verfallen.

Gleichwohl sieht sich der Verwaltungsgerichtshof veranlaßt, noch auf folgendes hinzuweisen:

Der Spruch des angefochtenen Bescheides enthält im wesentlichen zwei Absprüche. Im ersten wird die Durchführung bestimmter Untersuchungen angeordnet, im zweiten werden die Beschwerdeführer zur Leistung einer Sicherstellung für die Durchführung der angeordneten Untersuchungen verpflichtet. Den ersten Teil des Spruches hat die belangte Behörde auf die Vorschrift des § 104 Abs. 1 WRG., den zweiten Teil auf die Vorschrift des § 104 Abs. 5 des gleichen Gesetzes gegründet. Nach § 104 Abs. 5 WRG. kann die im Interesse einer Partei zu treffende einstweilige Verfügung von der Leistung einer angemessenen Sicherstellung abhängig gemacht werden. Nach dieser Gesetzesstelle kann somit nur die Erlassung einer einstweiligen Verfügung von der Leistung einer Sicherstellung abhängig gemacht werden.

Ihrem rechtlichen Inhalt nach ist die Anordnung von Untersuchungen ein ‚Beweisbeschluß‘ im Sinne der Terminologie der Zivilprozeßordnung, sohin eine verfahrensrechtliche Anordnung im Sinne des § 63 Abs. 2 AVG. Derartige nur das Verfahren betreffende Anordnungen sind aber nicht in der prozessualen Form eines Bescheides zu treffen. Sie sind der Rechtskraft nicht fähig; ein abgesondertes Rechtsmittel dagegen ist unzulässig.

Handelt es sich bei den von der Behörde angeordneten Untersuchungen aber um eine verfahrensrechtliche Anordnung, nämlich um die Aufnahme eines Beweises durch Sachverständige, so kommt die Vorschrift des § 52 AVG. zur Anwendung. Wenn sich die belangte Behörde bei dieser Beweisaufnahme nicht der amtlichen Sachverständigen bedienen wollte, so sind die Kosten der nichtamtlichen Sachverständigen Barauslagen im Sinne des § 76 Abs. 1 AVG., für die nach dieser Gesetzesstelle die Partei aufzukommen hat, die um die Amtshandlung angesucht hat. Nach Absatz 4 der gleichen Gesetzesstelle kann diese Partei auch zum Erlag eines entsprechenden Vorschusses verhalten werden, wenn die Amtshandlung nicht ohne größere Barauslagen durchführbar ist. Die Auferlegung eines solchen Vorschusses obliegt der Behörde, die die Amtshandlung vorzu-

nehmen hat. Da sich die Notwendigkeit der Beweisaufnahme nach Ansicht
der belangten Behörde im Berufungsverfahren ergeben hat, bestünden
gegen die Zuständigkeit der belangten Behörde zur Erteilung eines Auftrages an die antragstellende Partei zum Erlag eines Vorschusses für Barauslagen des Verwaltungsverfahrens keine Bedenken."

Nr. 79: zu § 105 WRG.

VwGH. Erk. v. 4. April 1957, Zl. 835/56, Abweisung einer Beschwerde gegen
einen Bescheid des LH. v. Kärnten.

*Der Bescheid über die Wiederaufnahme des Verfahrens unterliegt keinem
weiteren Rechtszug, wenn der die Wiederaufnahme des Verfahrens ver-
sagende Bescheid von der sachlich in Betracht kommenden letzten Instanz
erlassen wurde.*

Der Beschwerdeführer brachte einen Antrag auf Wiederaufnahme des mit dem Berufungsbescheid abgeschlossenen Verfahrens ein. Er begründete diesen Antrag damit, daß er anläßlich der
Berichtigung des Wasserbuches festgestellt habe, daß zur Zeit der Erlassung des Bescheides längst
nicht mehr W. Z. Eigentümer der zweiten Liegenschaftshälfte gewesen sei, sondern W. S.

„Die Entscheidung über den Antrag auf Wiederaufnahme des Verfahrens ist ein verfahrensrechtlicher Bescheid. Verfahrensrechtliche Bescheide unterliegen grundsätzlich denselben Vorschriften, die für den
Instanzenzug in der den Gegenstand des Verfahrens bildenden Angelegenheit maßgebend sind (vgl. hiezu u. a. das hg. Erk. v. 2. März 1950, Slg.
N. F. Nr. 1286/A).

Die Kenntnis der Unsicherheit der Eigentumsverhältnisse ist kein
tauglicher Wiederaufnahmsgrund im Sinne des § 69 Abs. 1 lit. b AVG., da
diese Tatsache nicht neu hervorgekommen ist. Eine Möglichkeit der
Wiederaufnahme des Verfahrens könnte sich bei dieser Sachlage daher
nur auf Grund der Vorschriften des § 69 Abs. 1 lit. c AVG. ergeben,
wenn seitens des Gerichtes die Eigentumsverhältnisse im Zeitpunkte der
Erlassung des Bescheides in einer anderen Weise festgestellt werden, als
sie von der Verwaltungsbehörde als gegeben angenommen und ihrer Entscheidung zugrunde gelegt wurden. Denn die Frage, wer Eigentümer der
in Betracht kommenden Liegenschaft im Zeitpunkte der Erlassung des
wasserrechtlichen Bescheides ist, ist für die Verwaltungsbehörde eine
privatrechtliche Vorfrage, die sie gemäß § 38 AVG. nach der über die
maßgebenden Verhältnisse gewonnenen eigenen Anschauung zu beurteilen
und diese Beurteilung ihrem Bescheid zugrunde zu legen hat."

Nr. 80: zu § 105 WRG.

VwGH. Erk. v. 6. Dezember 1956, Zl. 1128/55, Aufhebung eines Bescheides des
LH. v. Kärnten.

*Die Zurückweisung einer Berufung aus dem Grunde der Präklusion ist
rechtlich und begrifflich ausgeschlossen.*

„Wie der Verwaltungsgerichtshof bereits in seinem Erkenntnis vom 13. Februar 1932, Slg. Nr. 17.032/A, ausgesprochen hat, ist eine Berufung gemäß § 66 Abs. 4 AVG. dann zurückzuweisen, wenn sie unzulässig ist oder verspätet eingebracht wurde. In allen anderen Fällen hat die Berufungsbehörde in der Sache selbst zu entscheiden. Als unzulässig ist eine Berufung anzusehen, wenn die Unzulässigkeit ausdrücklich festgesetzt ist, z. B. § 63 Abs. 2 AVG. oder wenn die Prozeßvoraussetzungen zu ihrer Erhebung fehlen (so z. B. wenn gar kein Bescheid vorliegt) oder der angefochtene Bescheid formell rechtskräftig (§ 68 Abs. 1 AVG.) ist oder sie von einer Person erhoben wurde, der die Berechtigung zur Erhebung der Berufung überhaupt nicht, z. B. mangels Rechts- und Handlungsfähigkeit, oder im einzelnen Fall, z. B. mangels einer Parteistellung, nicht zukommt. Da vorliegend keine dieser Voraussetzungen zutrifft, war die belangte Behörde nicht berechtigt, die gegenständliche Berufung als unzulässig zurückzuweisen. Abgesehen davon, daß die Zurückweisung einer Berufung aus dem Grunde der Präklusion aus den dargestellten Gründen rechtlich und begrifflich ausgeschlossen erscheint, liegt eine Präklusion gar nicht vor. Denn nach Annahme der Behörde sind es ja die Antragsteller, die sich in der mündlichen Verhandlung verschwiegen haben sollen.* Es ergibt sich somit, daß die belangte Behörde in der Sache selbst abzusprechen gehabt hätte.“

Nr. 81: zu § 105 WRG.

VwGH. Erk. v. 10. Dezember 1953, Zl. 1995/52, Abweisung einer Beschwerde gegen einen Berufungsbescheid des BM. f. L. u. F.:

Die Behörde handelt nicht rechtswidrig, wenn sie auf Grund der widerspruchslosen Unterfertigung des Protokolles die meritorischen Berufungseinwendungen als präkludiert ansieht.

„Der Verwaltungsgerichtshof mußte den Standpunkt der belangten Behörde, daß im Beschwerdefalle die Präklusionsfolgen des § 42 Abs. 2 AVG. eingetreten seien, als gerechtfertigt finden. Der geltend gemachte Umstand, daß dem Vertreter des Beschwerdeführers die Ladung zur Verhandlung nicht zugekommen sei, ist rechtlich ohne Bedeutung, weil er an der Verhandlung tatsächlich teilgenommen hat. Das gleiche gilt von dem Einwand, daß die öffentliche Bekanntmachung der Verhandlung unterblieben sei, welcher Vorgang übrigens, wie aus den Bestimmungen der §§ 41 Abs. 1 und 42 Abs. 2 AVG. hervorgeht, überhaupt nicht erforderlich war. Da es sich um eine im Berufungsstadium befindliche Wasserrechtsangelegenheit handelte, konnte die Behörde annehmen, daß die Bezeichnung ‚Wasserversorgung G.‘ den Verhandlungsgegenstand hinlänglich klarstelle. Zum Einwand, daß in der Ladung auf die Präklusionsfolgen des § 42 AVG. nicht ausdrücklich hingewiesen worden sei, ist zu

---

* Siehe Nr. 75.

sagen, daß die bezügliche Vorschrift des § 41 AVG. nur eine Betonung eines der Erfordernisse des Ladungsbescheides gemäß § 19 Abs. 2 AVG. darstellt, nämlich der Bekanntgabe der Folgen, die das Ausbleiben des Geladenen zeitigt. Es kann also auch die Bestimmung des § 41 bezüglich des Hinweises auf die Präklusionsfolgen des § 42 nur in dem Fall Bedeutung haben, wenn die Partei bei der Verhandlung nicht erscheint. Dies trifft, wie bereits erwähnt, vorliegend nicht zu. Die in der Beschwerde beanstandete Veränderung in der Niederschrift (der Passus ‚Gutachten des techn. AS.‘ wurde gestrichen und durch den Passus ersetzt ‚Vorschlag der Amtsabordnung‘) kann nicht im Sinne des § 14 Abs. 4 AVG. als erheblich angesehen werden, so daß hinsichtlich der Beweiskraft der Niederschrift gemäß § 15 AVG. keine Bedenken formeller Natur bestehen. Wenn nun in der Niederschrift festgehalten wurde, welche wasserrechtliche Vorschreibungen zur Regelung der strittigen Angelegenheit in Aussicht genommen seien, dann kann, wenn die Partei dieses Protokoll ohne Vorbehalt unterschrieben hat, schlüssigerweise nur angenommen werden, daß sie gegen die beabsichtigte Regelung keinen Widerspruch erhoben habe. Eine andere Deutung würde dem in den Bestimmungen der §§ 41 und 42 AVG. zum Ausdruck gebrachten Konzentrationsprinzip nicht entsprechen.“

Nr. 82: zu § 106 Abs. 2 WRG.

VwGH. Erk. v. 22. September 1955, Zl. 1009/55, Aufhebung eines Berufungsbescheides des LH. v. Tirol:

Kostenersatz für Anwaltsvertretung, die das zur zweckentsprechenden Rechtsverfolgung notwendige Maß nicht überschreitet.

„Worüber der Verwaltungsgerichtshof zu entscheiden hatte, ist lediglich die Frage, ob die belangte Behörde den zweiten Satz des § 106 Abs. 2 WRG. richtig angewendet hat, wenn sie dem Beschwerdeführer die Zuerkennung der Kosten seiner anwaltlichen Vertretung deshalb verweigerte, weil sie sie zur zweckentsprechenden Rechtsverfolgung nicht als notwendig ansah. Nun ergibt sich aus dem der Rechtssache zugrunde liegenden, aus den vorgelegten Akten des Verwaltungsverfahrens ersichtlichen Sachverhalt, daß der Beschwerdeführer zur Anrufung der Behörde durch das rechtswidrige Verhalten der mitbeteiligten Parteien gezwungen war, die trotz anwaltlicher Abmahnung und Androhung weiterer Schritte dem Standpunkt des Beschwerdeführers nicht Rechnung getragen hatten. Daß er sich dabei der Hilfe eines Rechtsanwaltes bediente, der nach § 8 RAO. zur Parteienvertretung auch vor Verwaltungsbehörden befugt ist, kann ihm nicht zum Vorwurf gemacht werden, zumal die Frage, welcher Weg — der Verwaltungsweg oder die Klage vor dem Zivilgericht — einzuschlagen war, keineswegs einfach zu entscheiden ist und nicht übersehen werden darf, daß die Beiziehung eines Rechtsanwaltes auch der zweck-

entsprechenden Vorbereitung des Verfahrens und dem Versuch einer
gütlichen Beilegung auf Grund der vom Rechtsanwalt gewonnenen Einsicht in die rechtliche Situation dient und die Beiziehung eines Rechtsanwaltes somit auch zur Vermeidung überflüssiger Rechtsstreitigkeiten
und, wenn dies nicht möglich ist, zur zweckentsprechenden Sammlung des
Prozeßstoffes beizutragen geeignet ist.

Daß ein Anwaltszwang im Verwaltungsverfahren nicht besteht,
worauf sich die Behörde besonders beruft, schließt keineswegs aus, daß
die Partei berechtigt ist, sich auch in solchen Fällen eines Anwaltes zu
bedienen und unter den Voraussetzungen des § 106 Abs. 2 WRG. hiefür
Kostenersatz begehren kann. Da sich die anwaltliche Vertretung vorliegend auf die notwendigsten Verfahrensschritte zur Geltendmachung
des Rechtsanspruches des Beschwerdeführers im wasserrechtlichen Verfahren vor der Verwaltungsbehörde beschränkte, kann nicht gesagt
werden, daß sie das zur zweckentsprechenden Rechtsverfolgung notwendige Maß überschritten hätte. Angesichts dieser Beschränkung des
Prozeßaufwandes bezüglich der Vertretung des Beschwerdeführers durch
seinen Rechtsanwalt auf das notwendigste Maß spielte die Frage, inwieweit die Führung des Rechtsstreites durch die Mitbeteiligten etwa als
leichtfertig oder mutwillig anzusehen war, keine Rolle."

Nr. 83: zu §§ 120 und 45 WRG.

VwGH. Erk. v. 28. September 1956, Zl. 118/53, Slg. N. F. Nr. 4151 (A), Abweisung einer Beschwerde gegen einen Berufungsbescheid des LH. v. Steiermark:

*Die Verpflichtung zur Erhaltung von Wasserbenutzungsanlagen in gutem
Zustande trifft den Eigentümer kraft Gesetzes; die Strafbarkeit ist daher
schon immer dann gegeben, wenn erwiesen ist, daß der Eigentümer seiner
gesetzlichen Verpflichtung nicht nachgekommen und ein Straf- oder Schuldausschließungsgrund nicht gegeben ist.*

„Die belangte Behörde hat nach dem angefochtenen Bescheid als
erwiesen angenommen, daß das Wehr im Jahre 1948 durch ein Hochwasser beschädigt und vom Beschwerdeführer trotz wiederholter Aufforderungen bis zur Erlassung des Straferkenntnisses nicht wieder instandgesetzt wurde. Dieser Sachverhalt wird vom Beschwerdeführer nicht bestritten. Er behauptet jedoch, zur Instandsetzung der Wehranlage mangels
einer Gefährdung der Straße oder der Anlieger nicht verpflichtet zu sein.
Diese Rechtsansicht ist unzutreffend. Gemäß § 45 Abs. 1 WRG. sind,
sofern keine rechtsgültigen Verpflichtungen anderer bestehen, die Wasserberechtigten verhalten, ihre Anlagen und die dazugehörigen Kanäle,
künstlichen Gerinne, Wasseransammlungen sowie sonstigen Vorrichtungen
in dem der Bewilligung entsprechenden Zustand und, wenn dieser nicht
erweislich ist, derart zu erhalten und zu bedienen, daß keine Verletzung

öffentlicher Interessen oder fremder Rechte stattfindet. Dieser Gesetzeswortlaut läßt keinen Zweifel darüber, daß jeder Wasserberechtigte verpflichtet ist, seine Anlage in gutem Zustand zu erhalten. Eine Bindung der Instandhaltungspflicht an die Gefährdung von Anrainern oder einer Straße kann der Vorschrift des § 45 WRG. nicht entnommen werden. Nur für den Fall, daß der konsensmäßige Zustand nicht mehr feststellbar ist, umschreibt das Gesetz das Ausmaß dieser Verpflichtung. Da der Beschwerdeführer unbestrittenermaßen bis zur Erlassung des Straferkenntnisses überhaupt keine Wiederherstellungsarbeiten durchgeführt hat, ist der ihm angelastete Übertretungstatbestand erwiesen. Sein Einwand, zu solchen Arbeiten nicht verpflichtet gewesen zu sein, geht bei der gegebenen Rechtslage ins Leere. Soweit der Beschwerdeführer aber eine Rechtswidrigkeit seiner Bestrafung darin erblicken will, daß sie ‚verfrüht' gewesen sei, ist ihm entgegenzuhalten, daß die Verpflichtung zur Instandhaltung von Wasserbenutzungsanlagen den Eigentümer kraft Gesetzes trifft. Die Erteilung eines behördlichen Auftrages zur Instandhaltung ist für das Entstehen dieser Verpflichtung nicht erforderlich. Die Strafbarkeit ist daher schon immer dann gegeben, wenn erwiesen ist, daß der Eigentümer einer solchen Anlage seiner gesetzlichen Verpflichtung nicht nachgekommen und ein Straf- oder Schuldausschließungsgrund nicht gegeben ist.

Schließlich versagt auch der Einwand bezüglich der Höhe der Strafe, da sich die dem Beschwerdeführer auferlegte Strafe innerhalb des durch § 120 WRG. (unter Berücksichtigung des Bundesgesetzes vom 4. Februar 1948, BGBl. Nr. 50) gezogenen Rahmens hält und die Festsetzung der Strafe im Einzelfalle in das pflichtgemäße Ermessen der Behörde gestellt ist. Der Verwaltungsgerichtshof konnte nicht finden, daß die belangte Behörde vorliegend bei der Festsetzung einer Geldstrafe von 2000 S, bei einer oberen Grenze des Strafrahmens von 20.000 S, bei den gegebenen Verhältnissen von ihrem Ermessen nicht im Sinne des Gesetzes Gebrauch gemacht hat, zumal der Beschwerdeführer konkrete Umstände, die eine andere Beurteilung gerechtfertigt erscheinen ließen, nicht vorgebracht hat."

Nr. 84: zu § 121 WRG.

VwGH. Erk. v. 23. Juni 1957, Zl. 1155/56, Aufhebung eines Berufungsbescheides des LH. v. Salzburg:

Ist die Verrohrung eines öffentlichen Gerinnes nach dem Wasserrechtsgesetz (§ 34 oder § 9 Abs. 2) bewilligungspflichtig, die Herstellung aber ohne Bewilligung der Wasserrechtsbehörde oder nicht konsensgemäß vorgenommen, dann stellt sie eine eigenmächtige Neuerung dar.

„Nun ist es zutreffend, daß der den Beschwerdeführern erteilte wasserrechtliche Auftrag auf die Vorschrift des § 34 Abs. 1 WRG. nicht gestützt werden kann, weil diese gesetzliche Vorschrift nur besagt, welche

Herstellungen einer wasserrechtlichen Bewilligung bedürfen. Durch den Hinweis auf diese Gesetzesstelle wollte die belangte Behörde offenbar nur zum Ausdruck bringen, daß die vorgenommene Verrohrung des Abwässergrabens einer wasserrechtlichen Bewilligung bedarf. ....

Eine Rechtsgrundlage für den erteilten wasserrechtlichen Auftrag findet sich im § 121 Abs. 2 WRG., wonach in allen Fällen einer eigenmächtig vorgenommenen Neuerung, sofern nicht die Bestimmungen des Abs. 1 Anwendung zu finden haben, die Wasserrechtsbehörde eine angemessene Frist zu bestimmen hat, innerhalb deren entweder um die erforderliche wasserrechtliche Bewilligung nachträglich anzusuchen oder die Neuerung zu beseitigen ist. Durch die unterlassene Anführung des § 121 Abs. 2 WRG. kann jedoch die Rechtswidrigkeit des angefochtenen Bescheides nicht dargetan werden, zumal ein Bescheid auch dann im Gesetz begründet und der Beschwerdeführer in keinem Recht verletzt ist, wenn eine ausreichende Rechtsgrundlage vorhanden ist, die den angefochtenen Bescheid zu tragen vermag. ....

Was zunächst die Frage anlangt, ob die Verrohrung eines offenen Gerinnes eine eigenmächtig vorgenommene Neuerung ist, so ist davon auszugehen, daß eine solche immer dann gegeben ist, wenn die Herstellungen oder Maßnahmen nach den Bestimmungen des § 34 WRG. oder nach § 9 Abs. 2 WRG. einer wasserrechtlichen Bewilligung bedürfen. Eine derartige Bewilligungspflicht ist gegeben, wenn die Herstellungen oder Maßnahmen an sich geeignet sind, die in diesen Bestimmungen angeführten Wirkungen hervorzurufen. ....

.... Im übrigen ist die Annahme der belangten Behörde, daß die vorgenommene Verrohrung die im Gesetz geforderten Rückwirkungen hervorruft, durch das abgeführte Ermittlungsverfahren gedeckt.

Ist aber die Verrohrung des offenen Gerinnes nach dem Wasserrechtsgesetz bewilligungspflichtig, so könnte der angefochtene Bescheid nur rechtswidrig sein, wenn die Beschwerdeführer nachzuweisen in der Lage wären, daß die Herstellungen mit Bewilligung der Wasserrechtsbehörde vorgenommen wurden. ....

Aber nur dann, wenn die Herstellung nicht konsensgemäß ist, ist die Anlage eine eigenmächtig vorgenommene Neuerung. Erfolgte die Herstellung dagegen konsensgemäß, traten aber im Laufe der Zeit Mängel der Anlage auf, so ermächtigt § 45 WRG. die Behörde lediglich zur Erteilung eines Auftrages auf Instandhaltung."

Nr. 85: zu §§ 121 und 125 WRG.

VwGH. Erk. v. 22. November 1956, Zl. 3434/53, Slg. N. F. Nr. 4211 (A), Aufhebung eines Berufungsbescheides des LH. v. Salzburg:

Eine eigenmächtige Neuerung liegt nicht vor, wenn die Wasserbenutzung

*schon vor dem Inkrafttreten des Wasserrechtsgesetzes 1934 bestanden hat
und nach den früheren Vorschriften eine Bewilligung nicht erforderlich war.*

„Nach dem Wortlaut des § 121 WRG. kann kein Zweifel bestehen,
daß die Wasserrechtsbehörden berechtigt sind, auch ohne Durchführung
eines Verwaltungsstrafverfahrens einen Auftrag zur Beseitigung einer
eigenmächtig vorgenommenen Neuerung zu erteilen. Wenn die Beschwerdeführerin in diesem Zusammenhang vorbringt, die Behörde hätte,
falls sie ihren Auftrag auf diese gesetzliche Bestimmung gründen wollte,
die angewandte Gesetzesbestimmung im Bescheid anführen müssen, in
der Unterlassung dieser Anführung liege jedenfalls ein Verstoß gegen die
Vorschrift des § 59 Abs. 1 AVG., so ist dies an sich zutreffend, rechtfertigt jedoch nicht die Aufhebung des angefochtenen Bescheides. Denn
zufolge § 42 Abs. 2 lit. c Z. 3 VwGG. 1952 führt die Außerachtlassung
von Verfahrensvorschriften nur dann zur Aufhebung des Bescheides,
wenn bei deren Einhaltung die belangte Behörde zu einem anderen Bescheid hätte kommen können. Nun ist aber nicht ersichtlich, aus welchen
Erwägungen die belangte Behörde zu einem anderen Bescheid gekommen
wäre, wenn sie im Spruch ihres Bescheides § 121 WRG. angeführt hätte.
Nach der vorangeführten Gesetzesstelle kann die Behörde einen Auftrag zur Beseitigung einer eigenmächtig vorgenommenen Neuerung erteilen. Eigenmächtig ist eine Neuerung dann, wenn für die Herstellung
eine wasserrechtliche Bewilligung erforderlich ist, eine solche jedoch nicht
erwirkt wurde. Nun hat die Beschwerdeführerin bereits in der Berufung
gegen den erstinstanzlichen Bescheid darauf hingewiesen, daß der der-
zeitige Zustand der Abwässerbeseitigung bereits seit sechzig Jahren bestehe und die vorhandenen Senkgruben und Kläranlagen den gesetzlichen
Vorschriften entsprechen. Diesem Vorbringen ist die belangte Behörde
nur mit dem Hinweis entgegengetreten, daß die Verunreinigung von
Gewässern verboten sei und ein Wasserrecht nicht ersessen werden könne.
Das Vorbringen der Beschwerdeführerin muß aber rechtlich so verstanden
werden, daß der bestehende Zustand keine eigenmächtige Neuerung darstelle. Dieses Vorbringen ist rechtlich von Bedeutung, da gemäß § 125
Abs. 1 WRG. bereits bestehende Wasserbenutzungen, die nach den bisher
geltenden Bestimmungen einer Bewilligung nicht bedurften, nach den
Bestimmungen des zweiten Abschnittes dieses Gesetzes jedoch bewilligungspflichtig wären, auch weiterhin ohne Einholung einer Bewilligung
ausgeübt werden dürfen. Aus dieser gesetzlichen Vorschrift folgt nämlich,
daß eine vor dem Inkrafttreten des Wasserrechtsgesetzes 1934 erfolgte
Wasserbenutzung dann nicht als eine ‚eigenmächtige Neuerung‘ anzusehen
ist, wenn sie schon bisher bestanden hat und nach den früheren wasserrechtlichen Vorschriften hiefür eine Bewilligung nicht erforderlich war.
In dieser Hinsicht hat die belangte Behörde indes eine Prüfung des Sach-

verhaltes unterlassen, so daß er in wesentlichen Punkten ergänzungsbedürftig geblieben ist."

Nr. 86: zu § 121 WRG.

VwGH. Erk. v. 23. Februar 1956, Zl. 1800/54, Slg. N. F. Nr. 3989 (A), Aufhebung eines Berufungsbescheides des BM. f. L. u. F.:

*Der unter Berufung auf § 121 WRG. ergangene Auftrag, bauliche Maß-
nahmen laut Gutachten des technischen Amtssachverständigen zur Herstellung des gesetzmäßigen Zustandes binnen einer bestimmten Frist durchzuführen, und der Ausspruch, die Anlage unter diesen Bedingungen zu
dulden, stellt auch dann eine wasserrechtliche Bewilligung dar, wenn die
Anlage einer solchen Bewilligung bisher überhaupt entbehrte.*

Die Behörde erster Instanz verweigerte mit Bescheid vom 12. November 1953 gemäß §§ 12
und 82 Abs. 1 lit. c WRG. die wasserrechtliche Bewilligung zur Ableitung der betrieblichen
Abwässer in die I. und wies den Gesuchsteller an, den Anschluß an den städtischen Kanalstrang
zu vollziehen. Der Berufung wurde keine Folge gegeben.

„Entscheidend für die Gesetzmäßigkeit des angefochtenen Bescheides,
d. i. die Versagung der wasserrechtlichen Bewilligung, ist die Frage, ob
es sich bei der hier in Betracht kommenden Abwassereinleitung um eine
bereits früher genehmigte Anlage handelt, die seitdem dauernd in
Benutzung steht. Unbestritten ist nun, daß diese Abwasseranlage im
Jahre 1 9 2 9 ohne wasserrechtliche Bewilligung errichtet worden ist. Nach
der Aktenlage spricht die Behörde erstmalig im November 1 9 5 1 von
Mißständen, die behoben werden müßten, und setzt eine Frist, nach deren
Ablauf bescheidmäßig entschieden würde. Tatsächlich wurden dem
Beschwerdeführer mit ‚Erlaß‘ vom 13. November 1952 Aufträge zur
Sanierung der Anlage erteilt. Die belangte Behörde bezeichnet diesen
Erlaß im angefochtenen Bescheid zwar als ‚unzweckmäßige Zuschrift‘,
sie läßt bei ihrer Entscheidung jedoch völlig außer acht, daß die solcherart
bemängelte Erledigung sich als ein rechtlich allerdings fehlerhafter Ver-
waltungsakt, aber trotzdem als ein Bescheid darstellt. Denn wenn die
Erstbehörde nach technischer Beschreibung der Anlage erklärt, daß diese
‚als ausreichend betrachtet wird, sofern‘ eine Reihe genau umschriebener
baulicher Maßnahmen durchgeführt bzw. Auflagen als Verpflichtungen
übernommen werden, so kann es keinem Zweifel unterliegen, daß die
Behörde gewillt war, die weitere Benützung der geschilderten Anlage
unter den gestellten Bedingungen zu dulden. Wenn weiters die baulichen
Herstellungen bzw. die Auflagen als ‚Verpflichtungen zur Herstellung
des g e s e t z m ä ß i g e n Zustandes‘ bezeichnet werden, so ergibt sich
daraus zweierlei: 1. daß bindende Verpflichtungen auferlegt wurden;
2. daß nach Durchführung der aufgetragenen Vorkehrungen und bei
Einhaltung der auferlegten Verpflichtungen der gesetzmäßige Zustand
hergestellt ist. Darauf deutet auch der Hinweis auf § 121 WRG. hin,

weil die Behörde von der nach dieser Bestimmung möglichen Alternative den Auftrag zur Nachholung von Arbeiten binnen einer Frist, nicht aber den Auftrag, nachträglich um die wasserrechtliche Bewilligung anzusuchen, gewählt hat. Dies stimmt mit der von der Behörde zum Ausdruck gebrachten Duldungsabsicht überein. Aus all dem folgt, daß die Erstinstanz mit ihrem ‚Erlaß' vom 13. November 1952 in einer der Rechtskraft fähigen Weise über den Bestand und die Zulässigkeit der Abwasseranlage des Beschwerdeführers abgesprochen hat, es liegt sohin ein konstitutiver Verwaltungsakt, d. h. trotz aller äußerlichen Mängel ein Bescheid, und zwar eine wasserrechtliche Bewilligung vor, mag dies auch nur durch einen Rückfall in Erledigungsformen vor Erlassung des neuen Wasserrechtsgesetzes und insbesondere vor Erlassung des AVG. verursacht worden sein. Im übrigen hatte sich der Verwaltungsgerichtshof nicht mit der Gesetzmäßigkeit dieses Bescheides zu befassen, sondern nur mit dessen Auswirkungen auf den angefochtenen Bescheid. Sowohl die Behörde erster Instanz als auch die belangte Behörde ist irrtümlich von der Ansicht ausgegangen, daß für die streitgegenständliche Abwasseranlage noch keine wasserrechtliche Genehmigung vorliege, was dazu führte, daß beide Behörden trotz Rechtskraft des Bescheides vom 13. November 1952 gemäß § 12 WRG. nochmals, und zwar abweislich, entschieden haben. Bei dieser Rechtslage wäre es an sich entbehrlich, sich noch ausdrücklich mit dem von der Behörde ausgesprochenen Anschlußzwang zu befassen. Um der wünschenswerten Klarheit willen sei aber folgendes bemerkt: Noch in der Gegenschrift wurde daran festgehalten, daß es sich bei der Verpflichtung des Beschwerdeführers zum Anschluß seines Hauses an das städtische Kanalnetz nicht um eine wasserpolizeiliche Anordnung handle; anderseits aber ergibt sich aus dem Wortlaut des Bescheides eine zwingende Vollzugsanordnung. Durch § 12 WRG. ist sie nicht gedeckt; es ist die Frage, ob sie also eine Vollstreckungsverfügung eines anderen rechtskräftigen Bescheides darstellen soll, eines Bescheides, wie es heißt, der Landesregierung, also in einer Landessache. Hier zeigt sich klar, daß durch die bloße Anführung der Zuständigkeitsparagraphen im Spruche, die ja in allen Regelfällen gleich sind, der Vorschrift des § 59 AVG. (Anführung der angewendeten Gesetzesbestimmung) nicht Genüge geleistet ist. Gemeint ist die konkrete Rechtsnorm, welche die gesetzmäßige Grundlage für den Abspruch der Behörde bildet. Es ist zu bezweifeln, ob die Behörde unter dem Zwang, die hier angewendete Gesetzesbestimmung zu zitieren, die gegenständliche Anordnung in der vorliegenden Form getroffen hätte. Jedenfalls aber ist durch diesen Verfahrensmangel die Qualifikation dieses Abspruches (zweiter Teil des Spruches des angefochtenen Bescheides) so erschwert, wenn nicht unmöglich gemacht, daß der Beschwerdeführer bei Verteidigung seiner Rechte und rechtlichen Interessen wesentlich behindert sein mußte."

Nr. 87: zu § 124 WRG.

Berufungsentscheidung des BM. f. L. u. F. v. 27. April 1956, Zl. 97567/1—30718/55:

Zur Genehmigung vorgelegte Genossenschaftssatzungen kann die Wasserrechtsbehörde genehmigen oder gegebenenfalls nicht genehmigen, aber nicht selber abändern.

„Der angefochtene Bescheid, mit dem im Zuge des Genehmigungsverfahrens nach § 124 Abs. 1 erster Satz WRG. die v o r g e l e g t e n Satzungen von Amts wegen ergänzt wurden, greift in die Autonomie der Genossenschaften ein und ist deshalb rechtswidrig.

Der Landeshauptmann kann, wenn die eingereichten Satzungen den Bestimmungen des WRG. nicht entsprechen, entweder die Satzungen nicht genehmigen und hiebei die Gründe für die Verweigerung angeben oder die Genossenschaft von seinen Bedenken verständigen und sodann — falls die Genossenschaft innerhalb gesetzter Frist diesen Bedenken nicht Rechnung trägt und die Satzungen nicht neuerlich einreicht — von Amts wegen vorgehen. Allenfalls käme auch eine bedingte Genehmigung in Betracht. Er kann aber nicht die von der Genossenschaft eingereichten Satzungen selber abändern und genehmigen."

Nr. 88: zu § 125 WRG.

Berufungsentscheidung des BM. f. L. u. F. v. 21. März 1957, Zl. 97460/3—91042/55:

Die gesetzliche Vermutung spricht für den alten Bestand, soweit nicht nach 1870 vorgenommene Änderungen an den Abwasseranlagen und hinsichtlich Art und Menge der Abwässer erwiesen sind.

„§ 107 Abs. 2 WRG. besagt, daß in das Wasserbuch auch jene Wasserbenutzungen und bestehende Wasserbenutzungsanlagen einzutragen sind, die schon nach den bisher geltenden Gesetzen einzutragen gewesen wären oder die gemäß § 125 WRG. als zu Recht bestehend anzusehen sind. Gemäß § 125 Abs. 2 WRG. ist eine der behördlichen Bewilligung unterliegende Wasserbenutzungsanlage aus der Zeit vor Inkrafttreten der Landeswasserrechtsgesetze, auch wenn die Erwerbung des mit ihr verbundenen Wasserrechtes nicht nachgewiesen werden kann, als rechtmäßig bestehend anzunehmen, sofern nicht die Unrechtmäßigkeit erwiesen wird. Jedoch unterliegen Änderungen einer solchen Anlage, die nach dem oben bezeichneten Zeitpunkt (in Tirol 5. November 1870) ohne nachweisliche behördliche Bewilligungen vorgenommen wurden, der wasserrechtlichen Bewilligung nach den Bestimmungen des geltenden Gesetzes.

Die gegenständlich in Frage kommende Wasserbenutzungsanlage ist offenbar der Abwasserkanal mit der Klärgrube, das damit verbundene Wasserrecht das der Einbringung von Gerbereiabwässern und -abfallstoffen in die I. Ein alter Bestand im Sinne des § 125 Abs. 2 liegt hier

dann und soweit vor, als Abwasserkanal und Klärgrube vor dem
5. November 1870 errichtet wurden und Art und Menge der Abwässer
aus dem Gerbereibetrieb seit diesem Zeitpunkt die I. nicht stärker ver-
unreinigen. Im Zweifelsfalle spricht die gesetzliche Vermutung f ü r den
alten Bestand.

Unbestritten ist, daß der gegenständliche Gerbereibetrieb aus der
Zeit vor 1870 stammt. Der tatsächlich nach 1870 erfolgte Umbau der
Betriebsstätte und die wahrscheinlich seit diesem Zeitpunkt erfolgten
Änderungen in der Produktion können wasserrechtlich nur soweit her-
angezogen werden, als sie sich auf Art und Menge der in die I. geleiteten
Abwässer auswirken. Mit der — nicht erwiesenen — Ausdehnung des
Betriebes auf die Rotgerberei allein und mit a l l g e m e i n e n Gutachten,
sei es, daß sich die Abwässer aus einer Rotgerberei wesentlich von den
Abwässern aus einer Weißgerberei unterscheiden, sei es, daß bei der
alten Grubengerbung eine Verunreinigung der Gewässer durch Abwässer
des Betriebes nicht gegeben erscheint, ist für die gegenständliche Entscheidung wenig gewonnen. Es kommt vielmehr darauf an, Abwasseranlage und Umfang der Abwassereinbringung des g e g e n s t ä n d l i -
c h e n Betriebes im Jahre 1870 und jetzt vergleichend zu beurteilen.“

Nr. 89: zu § 125 WRG.

Berufungsentscheidung des BM. f. L. u. F. v. 26. April 1957, Zl. 98070/1—78415/56:

*Die bewilligte Verunreinigung eines öffentlichen Gewässers kann nicht ein
Maß der Verunreinigung als genehmigt erscheinen lassen, das ein später
erweiterter oder mit anderen Betriebsmitteln geführter Betrieb mit sich
bringt, obschon die Ableitungsanlagen unverändert bleiben.*

Die Einbringung von Abwässern und Abfallstoffen in Gewässer stellt
nach den Bestimmungen sowohl des o.-ö. Landeswassergesetzes vom
28. August 1870 wie des Bundeswasserrechtsgesetzes vom 19. Oktober 1934
eine Wasserbenutzung des Vorflutgewässers dar und bedarf samt den
hiezu erforderlichen Anlagen der wasserrechtlichen Bewilligung. Ebenso
bedarf nach beiden Gesetzen die Änderung der Wasserbenutzung oder
der betreffenden Anlage der wasserrechtlichen Bewilligung.

Es ist unbestritten, daß die ,Entwässerungsanlage‘ des Schlosses ,zur
Abfuhr der Niederschlagswässer aus Park und Schloß samt Nebengebäuden sowie der Abfallwässer und Fäkalstoffe aus den Bauanlagen‘ in
die T. wasserrechtlich bewilligt wurde. Dieses Wasserbenutzungsrecht
ist gemäß § 125 Abs. 1 zweiter Satz WRG. aufrecht geblieben; seine
Ausübung und sein Erlöschen richten sich nach dem Wasserrechtsgesetz
1934, sein Umfang und Inhalt dagegen nach den zur Zeit der Bewilligung
bestandenen rechtlichen und faktischen Verhältnissen (vgl. Erk. d. VwGH.
vom 27. Mai 1911, A 8270).

Umfang und Inhalt dieses Wasserbenutzungsrechtes sind nun strittig. Maßgebend dafür sind Art und Menge der in die T. eingeleiteten Wässer und Stoffe. Die A r t oder Zusammensetzung dieser Abwässer ist durch den Bewilligungsbescheid mit Niederschlagswässern und den Abfall- und Fäkalwässern aus Schloß und Nebengebäuden eindeutig bestimmt. Das Schloß war — wie damals selbstverständlich — ein Herrschaftssitz und in den Nebengebäuden waren das dazugehörige Dienstpersonal, die Pferdeställe und die Meierei untergebracht. Abwässer aus einem Krankenhaus, einer Schuhfabrik und gewerblichen Betriebsanlagen zur Erzeugung von Kühlanlagen und Leichtmetalldächern sind aber nach Wissenschaft, Recht und Sprachgebrauch keine ‚Abfall- und Fäkalwässer aus Schloß und Nebengebäuden', selbst wenn diese Betriebsstätten derzeit in Schloß und Nebengebäuden untergebracht sind. Die Einleitung solcher Abwässer wirkt sich auf die Beschaffenheit des Wassers der Vorflut anders aus als die Einleitung von normalen Niederschlags- und Fäkalwässern, sie stellt daher eine andere Wasserbenutzung dar und wird durch die vorhandene Bewilligung nicht gedeckt. (Vgl. hiezu das analoge Erk. d. VwGH. vom 12. Jänner 1911, A 7892.)

Die Menge der einzuleitenden Abwässer wurde im Bewilligungsbescheid nicht ausdrücklich begrenzt. Nach den Bestimmungen der §§ 19 und 26 des o.-ö. Landeswassergesetzes hat im Zweifel als Regel zu gelten, daß sich Bewilligung und Wasserbenutzungsrecht bloß auf den Bedarf des Bewerbers bzw. seiner Unternehmung beschränkt. Unter den Bedarf des Schlosses und seiner Nebengebäude in diesem Sinne fällt aber gewiß nicht der Bedarf des Krankenhauses, von Kasernen und Baracken des ehem. österreichischen Bundesheeres oder von neuerrichteten Fabriken und gewerblichen Betriebsstätten verschiedener Firmen. Das Fassungsvermögen des Ableitungskanales kann für die rechtliche Begrenzung der Bewilligung schon deswegen nicht maßgebend sein, weil die maximale Abfuhrmenge, auf die der Kanal seinerzeit bemessen wurde, nicht der normalen, dem normalen Bedarf des Berechtigten entsprechenden Abfuhrmenge gleichgesetzt werden kann. Im übrigen hat der Verwaltungsgerichtshof schon mit den Erkenntnissen vom 10. Februar 1904, A 2364, und vom 7. Juli 1904, A 2816, ausgesprochen, daß ein Konsens nach den Verhältnissen zur Zeit der Erteilung der Bewilligung zu beurteilen ist und daß die bewilligte Verunreinigung eines öffentlichen Gewässers nicht ein Maß der Verunreinigung als genehmigt erscheinen lassen kann, das ein später erweiterter oder mit anderen Betriebsmitteln geführter Betrieb mit sich bringt, obschon die Ableitungsanlage ungeändert belassen werden. ....

Mit Beziehung auf die Berufungsausführungen sei noch bemerkt, daß sich der Wasserberechtigte der Verantwortung für die bewilligte Anlage und die damit erfolgende Wasserbenutzung im Sinne der gesetzlichen Bestimmungen nicht entziehen kann. Der Behörde gegenüber ist er allein für Wasserbenutzung und Anlage, für ihre Instandhaltung (§ 45 WRG.), für Anlagenänderungen z. B. durch neue Zuleitungen, für die Mitbenutzung durch Dritte und sich daraus ergebende Überschreitungen des Konsenses verantwortlich."

Nr. 90: Hochwasserschädengesetz

VwGH. Erk. v. 6. Oktober 1955, Zl. 1717/55, Abweisung einer Beschwerde gegen einen Bescheid der Wiener Landesregierung:

Bei der Verteilung der Hochwasserhilfe handelt es sich nicht um eine Verwaltungstätigkeit der Behörde auf dem Gebiete der Hoheitsverwaltung.

„Für die Entscheidung des vorliegenden Falles ist die Frage maßgebend, ob es sich bei der Verteilung der Hochwasserhilfe um eine Verwaltungstätigkeit der Behörde auf dem Gebiet der Hoheitsverwaltung im Sinne des Art. II Abs. 1 EGVG. handelt. Eine eindeutige Klärung der Frage, ob die gegenständliche Angelegenheit eine solche behördliche Aufgabe darstellt, ist aus deren Charakter allein noch nicht gegeben. Die Frage, ob ein bestimmtes Verwaltungsorgan bei Führung einer bestimmten Aufgabe im Rahmen der obrigkeitlichen Verwaltung tätig wird, ob somit der angestrebte Zweck durch Erlassung eines obrigkeitlichen Verwaltungsaktes zu verwirklichen ist, ist ausschließlich nach den maßgebenden Rechtsvorschriften zu beurteilen (*Adamovich*, Handbuch des Verwaltungsrechtes I. Band, I/2 Z. 3). Wenn aber kein Gesetz eine Bestimmung getroffen hat, so kann im Zweifel zumindest nicht das Vorliegen einer behördlichen Aufgabe im Sinne des erwähnten Art. II angenommen werden. Nun kann es keinem Zweifel unterliegen, daß Notstandshilfen bei Katastrophenfällen auch von privater Seite, sei es von Einzelpersonen, sei es von Wohltätigkeitsorganisationen — ohne Rechtsanspruch der Beteilten — durchgeführt werden können und auch tatsächlich durchgeführt wurden. Es zeigt sich also, daß in derartigen Fällen eine obrigkeitliche Verwaltung in keinem Gesetz angeordnet ist und insbesondere auch aus dem Wesen der Sache selbst nicht auf eine behördliche Aufgabe geschlossen werden muß. Aus diesen beiden Gründen spricht demnach die Vermutung nicht für eine behördliche Aufgabe im Sinne des Art. II EGVG. Dies wird auch weder durch den Umstand, daß von der Behörde ein Verfahren durchgeführt wurde, noch durch die Aufnahme der Hochwasserhilfe als Budgetpost widerlegt. Die Aufnahme ins Budget läßt für sich allein noch keinen zwingenden Schluß auf eine behördliche Tätigkeit zu, weil Bund, Länder und Gemeinden nicht nur für rein behördliche, sondern für alle Aufgaben der öffentlichen Hand im Budget Vorsorge treffen und die ordnungsmäßige Verwendung der bewilligten Mittel überwachen müssen. Was aber den Hinweis des Beschwerdeführers auf das Hochwasserschädengesetz 1954 betrifft, so ergibt sich aus dem Wortlaut des Gesetzes, daß dieses nur das Rechtsverhältnis zwischen Bund und Ländern, die Bedingungen eines Bundeszuschusses regelt, keineswegs aber die Frage allfälliger Ansprüche der Geschädigten. Auch solche Bedingungen müssen ihrem Wesen nach nicht zwingend als solche öffentlich-rechtlicher Natur angesehen werden. Wie immer man also die gegenständliche Angelegenheit betrachtet, es fehlt an einer positiven gesetzlichen Bestimmung, zufolge der die gegenständliche Sache zur behördlichen Aufgabe im Sinne des Art. II EGVG. wird."

Nr. 91: zu §§ 3, 4 und 5 o.-ö. Landesfischereigesetz

Erk. des VwGH. v. 31. März 1955, Zl. 896/51, Slg. N. F. Nr. 3701 (A), Abweisung einer Beschwerde gegen einen Bescheid der o.-ö. Landesregierung:

Die Anlagen des Linzer Donauhafens lassen sich nicht unter den im § 3 des Oberösterreichischen Landesfischereigesetzes 1896 bestimmten Begriff der „künstlichen Wasseransammlung" einordnen; sie sind auch nicht als „künstliche Gewässer" anzusehen. Sie sind als die „Entstehung eines neuen Wasserlaufes in einem natürlichen Gewässer durch die Eröffnung eines Durchstiches" im Sinne des § 5 leg. cit. zu werten.

„Gemäß § 4 des o.-ö. Fischereigesetzes steht das Recht der Fischerei in k ü n s t l i c h e n Wasseransammlungen oder Gerinnen dem Besitzer dieser Anlagen, in n a t ü r l i c h e n Gewässern der Gemeinde, in deren Gebiet das Gewässer sich befindet, zu. Nach diesen Bestimmungen ist es auch mit der im § 5 LFG. angeführten Ausnahme zu beurteilen, wem das Recht der Fischerei in neu entstehenden Wasseransammlungen oder Wasserläufen gebührt. Nach § 5 ist bei Entstehung eines neuen Wasserlaufes in einem natürlichen Gewässer durch die Eröffnung eines Durchstiches das Fischereirecht im Durchstich denjenigen zuzuweisen, die in den Altarmen fischereiberechtigt sind. Die Begriffsbestimmungen sind in § 3 des Gesetzes festgehalten. Dort ist ausgeführt, daß für Zwecke des Gesetzes unter künstlichen im Gegensatz zu natürlichen G e r i n n e n solche Anlagen zu verstehen sind, in welchen das durch eine hiezu bestimmte ständige Vorrichtung (Teilungswerk, Wehr u. dgl.) von seinem Lauf abgelenkte Wasser zu einem besonderen Benützungszweck fortgeleitet wird. Unter künstlichen W a s s e r a n s a m m l u n g e n im Gegensatz zu den natürlichen sind solche Anlagen zu verstehen, in denen das Wasser aus den Niederschlägen oder Zuflüssen in einem hiezu hergestellten Behälter (Teich und dergleichen) gesammelt ist. Hingegen ist das durch Regulierungsbauten (Leitwerke, Durchstiche und dergleichen) befestigte oder in seiner Richtung veränderte Gerinne eines natürlichen Wasserlaufes nicht als ein künstliches Gerinne bzw. ein an den Ufern reguliertes Becken nicht als eine künstliche Wasseransammlung anzusehen. Der Verwaltungsgerichtshof ist der Ansicht, daß auf den hier in Betracht kommenden Hafenbau keines der in § 3 angeführten gesetzlichen

Merkmale, die zur Unterscheidung zwischen künstlichen und natürlichen Gerinnen bzw. Wasseransammlungen festgesetzt wurden, vollkommen zutrifft. Die Hafenanlage stellt ein Becken dar, das künstlich zu dem Zweck angelegt wurde, um den Schiffen ein Anlegen und ein Auf- und Abladen zu ermöglichen und zu sichern. Zu diesem Zweck muß das Becken durch eine breite schiffbare Rinne mit dem Strom, den die Schiffe befahren, verbunden sein. Durch diese Rinne wird das Hafenbecken mit Wasser versorgt, wobei es ohne Bedeutung ist, ob auch Grundwasser hinzutritt, weil die Wasserhöhe sich nur nach dem Wasserspiegel des Flusses richten kann. Dieser auf dem Prinzip der kommunizierenden Gefäße beruhende Umstand trägt dazu bei, daß durch die Fahrrinne ein Zu- und Abströmen des Wassers stattfinden muß. Die Hafenanlagen tragen daher einerseits das Merkmal eines ‚Behälters‘, anderseits aber auch das Merkmal eines ‚Gerinnes‘. Unter dem Begriff der künstlichen Wasseransammlung im Gegensatz zu der natürlichen ist im Gesetz eine solche zu verstehen, in der das Wasser aus den Niederschlägen oder Zuflüssen in einem dazu hergestellten Behälter gesammelt ist. Der Umstand, daß im Gesetz als Beispiel für eine derartige Wasseransammlung der ‚Teich‘ genannt ist, läßt erkennen, daß der Gesetzgeber hiebei an solche Behälter gedacht hat, die in der Regel eine in sich abgeschlossene Anlage darstellen, wobei, wie bei einem Teich, eine auf diese Wasseransammlung beschränkte Fischzucht ermöglicht ist. Dies trifft aber vorliegend nicht zu, weil durch die Fahrrinne die Fische des Donaustromes, deren Nutzung und Hege den Fischereiberechtigten des Flusses zukommt, ungehindert ein- und ausschwimmen können. Es lassen sich daher die gegenständlichen Hafenanlagen nicht unter den im Gesetz bestimmten Begriff der künstlichen Wasseransammlung einordnen.

Im Gegenüberhalt der für und gegen die verschiedenen Auslegungen sprechenden Erwägungen erachtet der Verwaltungsgerichtshof, daß die Auslegung des Gesetzes, wie sie die belangte Behörde vorgenommen hat, dem Sinn und der Absicht des Gesetzes am ehesten gerecht wird. Durch die am Donauufer vorgenommenen Bauten, die den Hafeneingang und die zu dem Hafenbecken führenden Fahrrinnen geschaffen haben, wurde eine Regulierung des Donaugerinnes durchgeführt. Als Regulierungsbau kann diese Anlage deshalb angesehen werden, weil sie im Wesen einen Durchstich bedeutet und im Gesetz Durchstiche als Regulierungsbauten gewertet werden. Durch diesen Regulierungsbau wurde das Gerinne der Donau in seiner Richtung geändert, weil das Gerinne der Donau, wenn auch nur durch Rückstau, in die Hafenbecken abgeleitet wurde und, wie bereits ausgeführt, bei Hebung und Senkung des Wasserstandes ein Zustrom bzw. ein Abstrom aus dem Hafenbecken verursacht wird, der, wenn auch in des Wortes erweiterter Bedeutung, als Gerinne bezeichnet werden kann. Derartige Gerinne sind aber nach den Bestimmungen des

§ 3 LFG. nicht als ‚künstliche Gerinne‘ anzusehen. Durch diese Auslegung wird vor allem auch dem erwähnten Umstand Rechnung getragen, daß in den Hafenanlagen zum Unterschied von einem Teich die ausschließliche Pflege des Fischbestandes nicht durch den Inhaber der Anlage, sondern durch die Fischereiberechtigten des Flusses durchgeführt wird, der zum überwiegenden Teil die Anlage mit Wasser speist. Der Verwaltungsgerichtshof vermochte daher nicht zu erkennen, daß die belangte Behörde das Fischereigesetz in seinen §§ 3 und 4 unrichtig ausgelegt hat.

Ebenso hat die belangte Behörde mit Recht dem Bescheid des Reichsstatthalters in Oberdonau vom 3. November 1941 entnommen, daß durch die Zahlung der Entschädigungssumme keine Ablöse des Fischereirechtes an die Entschädigung leistenden Parteien, so auch an die Beschwerdeführerin erfolgte, sondern daß durch die ausbezahlten Entschädigungsbeträge nur der Schaden abgegolten werden sollte, der dadurch entstanden ist, daß Fischereigewässer durch Zuschüttung für Fischereizwecke unbenützbar gemacht worden sind.“

Nr. 92: zu § 14 TP 14 Gebührengesetz
VwGH. Erk. v. 26. Juni 1957, Zl. 613/55:

Eintragungen in einem Fischereibüchel, worin nur das Fischwasser, in dem der Inhaber des Büchels zur Ausübung der Fischerei berechtigt ist, ferner die zugelassene Methode des Fischfanges und die Dauer der Berechtigung angegeben sind, stellen kein gebührenpflichtiges Zeugnis dar.

Nr. 93: zu § 2 Abs. 2 Gewerbesteuergesetz 1936 und zu § 1 Abs. 1 Z. 6 Körperschaftssteuergesetz
VwGH. Erk. v. 24. Mai 1957, Zl. 2831/55:

Die Unterhaltung von Werken und Wasserläufen bei Wasserwerksgenossenschaften ist kein gewerbesteuerpflichtiger Betrieb. Die Unterhaltung von Wehren und Wassergerinnen, die den Aufgabenbereich einer Wasserwerksgenossenschaft bildet, ist an sich kein Betrieb gewerblicher Art einer solchen Genossenschaft.

INHALTSVERZEICHNIS

A. Übersicht der angeführten Gesetze und Gesetzesstellen

Wasserrechtsgesetz

§ 2: Nr. 2 S. 8; Nr. 30 S. 44
§ 3: Nr. 1 S. 7
§ 4: Nr. 2 S. 8; Nr. 3 S. 8; Nr. 4 S. 9
§ 5: Nr. 5 S. 10; Nr. 14 S. 27
§ 8: Nr. 5 S. 10; Nr. 6 S. 11
§ 9: Nr. 6 S. 11; Nr. 7 S. 12; Nr. 14 S. 24; Nr. 16 S. 25; Nr. 18 S. 26; Nr. 29 S. 43; Nr. 52 S. 72; Nr. 84 S. 112
§ 12: Nr. 5 S. 10; Nr. 20 S. 27; Nr. 37 S. 52; Nr. 70 S. 98; Nr. 86 S. 115
§ 13: Nr. 8 S. 14
§ 14: Nr. 9 S. 16; Nr. 10 S. 17
§ 15: Nr. 11 S. 20
§ 16: Nr. 8 S. 14
§ 17: Nr. 12 S. 21; Nr. 13 S. 22
§ 19: Nr. 14 S. 24
§ 21: Nr. 44 S. 61
§ 22: Nr. 15 S. 24; Nr. 16 S. 25; Nr. 29 S. 43; Nr. 75 S. 101
§ 23: Nr. 17 S. 26; Nr. 18 S. 26; Nr. 23 S. 32; Nr. 74 S. 101
§ 27: Nr. 19 S. 26; Nr. 20 S. 27; Nr. 21 S. 28; Nr. 64 S. 91
§ 28: Nr. 17 S. 26; Nr. 22 S. 31; Nr. 29 S. 43
§ 29: Nr. 22 S. 31
§ 30: Nr. 23 S. 32
§ 31: Nr. 24 S. 33; Nr. 25 S. 35; Nr. 26 S. 39; Nr. 69 S. 97
§ 32: Nr. 27 S. 40; Nr. 28 S. 41
§ 34: Nr. 29 S. 43; Nr. 30 S. 44; Nr. 31 S. 45; Nr. 84 S. 112
§ 35: Nr. 32 S. 46; Nr. 33 S. 47; Nr. 34 S. 48; Nr. 35 S. 50; Nr. 36 S. 51
§ 36: Nr. 35 S. 50
§ 37: Nr. 30 S. 44; Nr. 37 S. 52; Nr. 38 S. 53
§ 38: Nr. 39 S. 55
§ 40: Nr. 63 S. 90
§ 43: Nr. 40 S. 56; Nr. 41 S. 57; Nr. 42 S. 58
§ 45: Nr. 10 S. 17; Nr. 41 S. 57; Nr. 42 S. 58; Nr. 43 S. 60; Nr. 44 S. 61; Nr. 45 S. 63; Nr. 83 S. 111; Nr. 84 S. 112; Nr. 89 S. 118
§ 47: Nr. 14 S. 24; Nr. 46 S. 64; Nr. 61 S. 88
§ 50: Nr. 46 S. 64; Nr. 47 S. 66
§ 51: Nr. 47 S. 66; Nr. 70 S. 98
§ 56: Nr. 40 S. 56
§ 60: Nr. 48 S. 68; Nr. 52 S. 72
§ 61: Nr. 39 S. 55; Nr. 46 S. 64; Nr. 57 S. 82
§ 63: Nr. 48 S. 68; Nr. 49 S. 69; Nr. 52 S. 72
§ 64: Nr. 48 S. 68; Nr. 50 S. 69
§ 66: Nr. 51 S. 70

§ 70: Nr. 52 S. 72
§ 76: Nr. 49 S. 69; Nr. 52 S. 72; Nr. 53 S. 76
§ 78: Nr. 54 S. 79
§ 80: Nr. 50 S. 69; Nr. 51 S. 70; Nr. 52 S. 72; Nr. 53 S. 76;
      Nr. 55 S. 79
§ 81: Nr. 30 S. 44
§ 82: Nr. 30 S. 44; Nr. 52 S. 72; Nr. 56 S. 81; Nr. 57 S. 82
§ 83: Nr. 58 S. 83; Nr. 67 S. 94; Nr. 68 S. 96
§ 84: Nr. 24 S. 33; Nr. 59 S. 86; Nr. 60 S. 87; Nr. 64 S. 91;
      Nr. 65 S. 92
§ 86: Nr. 62 S. 89
§ 87: Nr. 6 S. 11; Nr. 31 S. 45; Nr. 61 S. 88
§ 88: Nr. 62 S. 89
§ 89: Nr. 63 S. 90; Nr. 64 S. 91
§ 90: Nr. 11 S. 20
§ 93: Nr. 10 S. 17; Nr. 31 S. 45; Nr. 46 S. 64; Nr. 52 S. 72;
      Nr. 58 S. 83
§ 94: Nr. 75 S. 101
§ 95: Nr. 18 S. 26; Nr. 24 S. 33; Nr. 65 S. 92
§ 96: Nr. 67 S. 94; Nr. 68 S. 96
§ 97: Nr. 66 S. 93; Nr. 67 S. 94; Nr. 68 S. 96
§ 99: Nr. 20 S. 27; Nr. 69 S. 97; Nr. 70 S. 98; Nr. 71 S. 99
§ 100: Nr. 72 S. 100
§ 102: Nr. 52 S. 72; Nr. 73 S. 101; Nr. 74 S. 101; Nr. 75 S. 101
§ 102a: Nr. 76 S. 102
§ 104: Nr. 67 S. 94; Nr 68 S. 96; Nr. 77 S. 103; Nr. 78 S. 106
§ 105: Nr. 77 S. 103; Nr. 79 S. 108; Nr. 80 S. 108; Nr. 81 S. 109
§ 106: Nr. 44 S. 61; Nr. 72 S. 100; Nr. 82 S. 110
§ 107: Nr. 88 S. 117
§ 110: Nr. 41 S. 57
§ 120: Nr. 21 S. 28; Nr 83 S. 111
§ 121: Nr. 16 S. 25; Nr. 33 S. 47; Nr. 36 S. 51; Nr. 62 S. 89;
      Nr. 84 S. 112; Nr. 85 S. 113; Nr. 86 S. 115
§ 122: Nr. 27 S. 40
§ 123: Nr. 58 S. 83
§ 124: Nr. 50 S. 69; Nr. 87 S. 117
§ 125: Nr. 85 S. 113; Nr. 88 S. 117; Nr. 89 S. 118

Allgemeines Bürgerliches Gesetzbuch (ABGB.)

§ 364: Nr. 34 S. 48; Nr. 40 S. 56
§ 497: Nr. 34 S. 48
§ 1295: Nr. 21 S. 28
§ 1311: Nr. 21 S. 28
§ 1472: Nr. 4 S. 9
§ 1496: Nr. 22 S. 31

Allgemeines Verwaltungsverfahrensgesetz (AVG.), BGBl. Nr. 172/1950

§ 8: Nr. 24 S. 33
§§ 14, 15, 19: Nr. 81 S. 109

§ 37: Nr. 46 S. 64; Nr. 55 S. 79
§ 38: Nr. 79 S. 108
§ 39: Nr. 8 S. 14; Nr. 46 S. 64; Nr. 55 S. 79
§ 40: Nr. 11 S. 20
§ 41: Nr. 81 S. 109
§ 42: Nr. 11 S. 20; Nr. 63 S. 90; Nr. 75 S. 101; Nr. 81 S. 109
§ 45: Nr. 25 S. 35; Nr. 43 S. 60
§ 45: Nr. 25 S. 35; Nr. 43 S. 60
§ 52: Nr. 78 S. 106
§ 56: Nr. 28 S. 41
§ 59: Nr. 85 S. 113; Nr. 86 S. 115
§ 63: Nr. 78 S. 106; Nr. 80 S. 108
§ 66: Nr. 51 S. 70; Nr. 80 S. 108
§ 68: Nr. 7 S. 12; Nr. 24 S. 33; Nr. 52 S. 72; Nr. 80 S. 108
§ 69: Nr. 79 S. 108
§§ 76, 77: Nr. 3 S. 8; Nr. 55 S. 79; Nr. 78 S. 106

Bundes-Verfassungsgesetz (B.-VG.)
Art. 83: Nr. 58 S. 83
Art. 130: Nr. 12 S. 21; Nr. 28 S. 41
Art. 131: Nr. 1 S. 7; Nr. 5 S. 10
Art. 144: Nr. 58 S. 83

Gewerbeordnung
§ 25: Nr. 25 S. 35; Nr. 31 S. 45
§§ 26, 29: Nr. 25 S. 35

Oberösterreichisches Landesfischereigesetz, LGBl. Nr. 32/1896
§§ 3, 4, 5: Nr. 91 S. 121

Oberösterreichisches Gesetz über die Ausnutzung der Wasserkräfte der Donau, LGBl. Nr. 148/1919
§§ 83, 123: Nr. 58 S. 83
§§ 96, 97, 104: Nr. 67 S. 94

Steiermärkisches Wasserleitungsgesetz, LGBl. Nr. 8/1932
§ 2: Nr. 27 S. 40

Tiroler Gemeindeabgabengesetz, LGBl. Nr. 43/1935 (Anschlußzwang)
§ 30: Nr. 28 S. 41

Verwaltungsgerichtshofgesetz, BGBl. Nr. 96/1952
§ 30: Nr. 71 S. 99
§ 34: Nr. 1 S. 7; Nr. 38 S. 53
§ 41: Nr. 22 S. 31
§ 42: Nr. 7 S. 12; Nr. 41 S. 57; Nr. 44 S. 61; Nr. 47 S. 66; Nr. 52 S. 72; Nr. 78 S. 106; Nr. 85 S. 113
§ 47: Nr. 44 S. 61

B. Alphabetisch geordnetes Stichwortverzeichnis
mit Angabe der Entscheidungsnummern

Abwässer: 6, 7, 16, 25, 60, 62, 76, 85, 86, 88, 89

alter Bestand: 7, 15, 85, 88

anhängiges Verfahren: 77, 78

Anrainer: 6, 23, 25, 39, 77

Anschluß an genossenschaftliche Anlagen: 51, 52

Anschluß an Kanalisationsanlagen: 60, 86

Anschluß an Wasserversorgungsanlagen: 7, 17, 26, 27, 28, 51, 52

Anwaltsvertretung: 72, 82

Auflösung einer Genossenschaft: 52

Aufnahme in die Genossenschaft: 53

Ausscheiden aus einer Genossenschaft: 49, 52, 55

Ausscheidung aus dem öffentlichen Wassergut: 2, 3, 4

aufschiebende Wirkung: 71, 76, 77

Badesteg: 11, 56

Bahngraben: 41

Baurecht: 7, 24, 25, 31

Bedarf: 47, 53, 57, 71, 89

Beitragspflicht: 10, 39, 42, 43, 44

Bescheid: 1, 3, 23, 28, 58, 67, 86

Beschwerdeberechtigung: 1, 5, 10, 23, 38, 68, 77

bevorzugter Wasserbau: 66, 67, 68

Beweiswürdigung: 4, 8, 21, 25, 36, 43, 47, 55, 78, 81

Bewilligung: 7, 8, 10, 11, 15, 16, 17, 20, 29, 30, 31, 41, 52, 56, 58, 62, 66, 67, 75, 83, 85, 86, 88, 89

Bootslandeplatz: 29, 56

Brücke: 9, 10, 59

Brunnen: 1, 7, 25, 26, 47, 69, 76

Donau: 58, 67, 91

Eigentum: 4, 5, 14, 23, 32, 33, 39, 40, 46, 47, 52, 59, 67, 70, 74, 79, 83

einstweilige Verfügung: 67, 68, 77, 78

Einwendungen: 6, 11, 18, 42, 58, 63, 64, 65, 68, 73, 81

Enteignung: 47, 52, 70, 72

Entschädigung: 11, 19, 20, 24, 37, 46, 58, 66, 67, 69, 70, 72, 91

Entwässerung: 17, 35, 57, 89

Erhaltung: 10, 43, 44, 83, 93

Erlöschen: 17, 23

Ermessen: 12, 27, 44, 83

Ersitzung: 1, 4, 62

Fischerei: 6, 8, 11, 91, 92

Frist: 15, 22

Gemeinde: 1, 5, 7, 10, 12, 17, 18, 27, 28, 42, 46, 54, 63

Gemeingebrauch: 1, 5, 29, 36, 59, 62

genossenschaftlich: 5, 13, 52, 87

Gericht: 4, 10, 19, 20, 32, 33, 34, 79

Gerinne: 2, 21, 33, 34, 35, 41, 42, 43, 44, 84, 91

Gewässer: 5, 6, 30, 36, 40, 41, 42, 44, 56, 91

gewerblicher Betrieb: 12, 13, 16, 25, 31, 52, 62, 70, 76, 88, 89, 93

Grundwasser: 20, 24, 25, 26, 31, 37, 62, 76

Hafen: 56, 91

Haftung: 21, 64

Hochwasser: 19, 21, 31, 37, 39, 63, 83, 90

Hoheitsverwaltung: 3, 4, 90

Instandhaltung: 40, 41, 43, 83, 84, 93

Interessenabwägung: 46, 47, 61

Kauf: 4, 6, 23, 52

Konsensbedingung: 9, 12, 16, 25, 58

konsensmäßiger Zustand: 7, 83, 89

Konzentration des Verfahrens: 25, 63, 81

Kostenbeiträge: 10, 17, 43, 44, 45, 51, 52, 54, 63

Kostenersatz :44, 55, 72, 82

Kraftwerk: 2, 13, 22, 42, 43, 44, 45, 58, 61, 66, 67, 75, 77

Landwirtschaft: 13, 32, 34, 36, 57, 61, 69

Legalkonzession: 58, 67

Mappenberichtigung: 3, 4

Mißstände: 6, 7, 62, 76, 86

Mitbenutzungsrecht: 14, 89

Neuerung, unzulässige: 16, 21, 33, 36. 63, 84, 85

Nutzgefälle: 15, 45, 75

öffentliches Interesse: 5, 6, 12, 13, 24, 25, 40, 61, 62, 71, 76

öffentliches Wassergut: 2, 3, 4, 59

Parteistellung: 18, 23, 24, 25, 59, 60, 64, 65, 66, 68

Präklusion: 11, 63, 75, 80, 81

Privatgewässer: 1, 14

Privatrechte: 3, 4, 14, 47, 52, 61, 65, 70

Räumung eines Gerinnes: 41, 42, 63

Rechtskraft: 24, 42, 45, 52, 55, 64, 77, 78, 86

reformatio in peius: 51

Regulierungen: 9, 37, 38, 61, 91

Sachverständigengutachten: 8, 20, 21, 39, 47, 55, 62, 86, 88

Satzungen: 48, 49, 50, 51, 52, 53, 54, 55, 87

Schadenersatz: 19, 20, 21, 37

Schutzgebiet: 24, 25, 26, 69

Senkgrube: 7, 24, 33, 85

Servitut: 1, 34, 46, 59

Stempelgebühr: 55, 92

Steuer: 93

subjektiv öffentliche Rechte: 1, 5, 25, 36, 51

Tankstelle: 25

Teich: 8, 91

Trinkwasserversorgung: 7, 12, 17, 18, 24, 25, 26, 27, 46, 51, 52, 69, 71

Überprüfung: 20, 62, 73, 74, 75, 76

Uferschutz: 30, 39, 43

Unterlieger: 8, 36, 77

Unzuständigkeit: 7, 19, 20, 35, 37, 57, 77

Vereinbarung: 10, 20, 33, 46, 47, 48, 49, 52, 54

Verfahrenskosten: 3, 44, 55, 78

Verfahrensvorschriften: 7, 8, 44, 55, 78, 79, 85

Verfahren vor dem gesetzlichen Richter: 58, 67

Verkehrsanlagen: 9, 10

Verunreinigung der Gewässer: 6, 24, 25, 62, 76, 88, 89

Vollstreckung: 68, 71, 77, 86

Vorbehalt: 16, 20, 63, 70

Wasserabfluß: 2, 8, 32, 33, 34, 35, 36, 61

Wasserbenutzung: 1, 8, 9, 10, 14, 18, 20, 21, 22, 23, 29, 36, 41, 45, 47, 52, 60, 70, 85, 88, 89

Wasserberechtigte: 8, 10, 14, 18, 23, 43, 44, 64, 74, 83, 89

Wasserbucheintragung: 10, 52, 60, 79, 88

Wassergenossenschaft: 39, 46, 48, 49, 50, 51, 52, 53, 55, 57, 87, 93

Wasserleitung: 17, 21, 27, 28, 34, 46, 51, 52, 53, 64, 70, 71

Wasserleitungsordnung: 17, 18, 27

Wasserverband: 54

Wehranlage: 10, 45, 61, 83, 93

Widerruf: 10, 29

Widerstreit: 8, 12, 13, 46, 58, 67

Zivilrechtsweg: 4, 10, 20, 32, 33, 34, 35, 49, 65

Zuständigkeit: 3, 4, 10, 19, 25, 30, 33, 34, 35, 41, 50, 53, 56, 57, 58, 67, 77, 78

Zwangsrechte: 13, 14, 40, 46, 47, 52, 58, 61

SCHRIFTENREIHE DES ÖSTERREICHISCHEN WASSERWIRTSCHAFTSVERBANDES

H. 6: **Bermann, R.,** Betrachtungen zur Energiewirtschaft Österreichs. 23 S. 1946, S 6.50.

H. 7: **Hartig, E.,** Wasserwirtschaft und Wasserrecht — Der Österreichische Wasserwirtschaftsverband. 25 S. 1947, S 7.—.

H. 8: **Vas, O.,** Über das Unterwasserkraftwerk. 22 Abb. 67 S. 1947, S 15.—.

H. 9: **Musil, L.,** Wirtschaftliche Gesichtspunkte für die Großraum-Verbundwirtschaft in der Elektrizitätsversorgung. 15 Abb. 43 S. 1947, S 9.—.

H. 10: **Pönninger, R.,** Die Verwertung der städtischen Abwässer in Österreich. 15 Abb. 67 S. 1948, S 14.40.

H. 11: **Steinwender, A.,** Die Zukunft der Wasserversorgung der Stadt Wien. 8 Abb. 44 S. 1948, S 7.20.

H. 12: **Ramsauer, B.,** Die österreichische Nährflächenreserve — das zehnte Bundesland. 7 Abb. 30 S. 1948, S 5.80.

H. 13: **Vas, O.,** Der Anteil Österreichs an der elektrizitätswirtschaftlichen Gemeinschaftsplanung in Europa. 13 Abb. 27 S. 1948, S 6.60.

H. 14: **Böhmer, H.,** Über den derzeitigen Stand der Bauarbeiten am Tauernkraftwerk Kaprun. 22 Abb. 50 S. 1949, S 12.—.

H. 15: **Fritsch, J.,** Talsperrenbeton. 4 Abb. V, 34 S. 1949, S 7.20.

H. 16: **Sitte, F.,** Wasserwirtschaftstagung 1949 in Bad Ischl, Oberösterreich. — Jahresbericht 1948 des Österreichischen Wasserwirtschaftsverbandes. 11 Abb. III, 70 S. 1949, S 19.20.

H. 17: **Kieser, A.,** Gewässerkundliche Grundlagen der Anlagen und Projekte der Vorarlberger Illwerke A. G. 21 Abb. III, 36 S. 1949, S 7.20.

H. 18: **Steinwender, A.,** Über Düsen, Wasserstrahlpumpen und Heber. 33 Abb. III, 47 S. 1950, S 14.40.

H. 19: **Fritsch, J.,** Der heutige Stand der Massenbetontechnik. 15 Abb. 37 S. 1950, S 12.—.

H. 20: **Baumann, F.,** Vom älteren Flußbau in Österreich. 10 Abb. IV, 44 S. 1951, S 14.40.

H. 21: **Kieser, A.,** Die „Kernring-Auskleidung" im Druckstollen „Kops-Vallüla" der Vorarlberger Illwerke A. G. 12 Abb. III, 31 S. 1951, S 10.—.

H. 22: **Vas, O.,** Probleme der Kraftwasserwirtschaft in Mitteleuropa. 27 Abb. III, 60 S. 1952, S 16.—.

H. 23: **Grengg, H.,** Das Großspeicherwerk Glockner-Kaprun. 10 Abb. V, 35 S. 1952, S 14.—.

H. 24: **Fritsch, J.,** Amerikanischer Talsperrenbau. 22 Abb. III, 51 S. 1952, S 20.—.

H. 25: **Liepolt, R.,** Abwasserwirtschaft in Österreich. **Koziel, O.,** Abwasserwirtschaft in Kärnten. 10 Abb. V, 40 S. 1953, S 18.—.

H. 26/27: **Grabmayr, P.,** Wasserrechtliche Berufungsentscheidungen und Erkenntnisse 1949 bis 1952. III, 73 S. 1953, S 30.—.

H. 28/29: **Hartig, E.,** Internationale Wasserwirtschaft und internationales Recht. 102 S. 1955, S 42.—.

H. 30: **Vas, O.,** Wasserkraft- und Elektrizitätswirtschaft in der Zweiten Republik. 48 S., 39 Tafelbilder, 9 Abb., 9 Tab., 1956, S 36.—.

H. 31: **Lernhart, A.,** Untersuchungen zur Erweiterung der Wasserversorgung Wiens. 44 S., Grundwasserkarte, 1956, S 36.—.

H. 32/33: **Kresser, W.,** Die Hochwässer der Donau. 24 Abb., 15 Diagramme, 7 Tabellen, 1 Niederschlagskarte, 94 S. 1957. S 51.—.

H. 34: **Fritsch, J., W. Steinböck, A. Wogrin,** Fortschritte in der Betontechnik des Massenbetonbaues. 12 Bildtaf., 4 Textabb., 1 Konstruktionsskizze. 24 S. 1957. (Vergriffen.)

H. 35: **Rotter, E.,** Anwendung von Spritzbeton. 5 Abb., 19 Taf., 2 Maßzeichn. im Anhang, 44 S. 1958. S 42.—.